中华优秀传统文化在现代管理中的创造性转化与创新性发展工程
"中华优秀传统文化与现代管理融合"丛书

中华德学与现代经营

程少川 李欣然 ◎ 编著

企业管理出版社
ENTERPRISE MANAGEMENT PUBLISHING HOUSE

图书在版编目（CIP）数据

中华德学与现代经营 / 程少川，李欣然编著. -- 北京：企业管理出版社，2024. 12. --（"中华优秀传统文化与现代管理融合"丛书）. -- ISBN 978-7-5164-3208-2

Ⅰ. B82；F272.3

中国国家版本馆CIP数据核字第20251VM539号

书　　　名	中华德学与现代经营
书　　　号	ISBN 978-7-5164-3208-2
作　　　者	程少川　李欣然
责任编辑	侯春霞
特约设计	李晶晶
出版发行	企业管理出版社
经　　　销	新华书店
地　　　址	北京市海淀区紫竹院南路17号　邮　编：100048
网　　　址	http://www.emph.cn　电子信箱：pingyaohouchunxia@163.com
电　　　话	编辑部18501123296　发行部（010）68417763　68414644
印　　　刷	北京联兴盛业印刷股份有限公司
版　　　次	2025年1月第1版
印　　　次	2025年1月第1次印刷
开　　　本	710mm×1000mm　1/16
印　　　张	15.5
字　　　数	170千字
定　　　价	78.00元

版权所有　翻印必究・印装有误　负责调换

编委会

主　任： 朱宏任　中国企业联合会、中国企业家协会党委书记、常务副会长兼秘书长

副主任： 刘　鹏　中国企业联合会、中国企业家协会党委委员、副秘书长
　　　　　孙庆生　《企业家》杂志主编

委　员：（按姓氏笔画排序）

丁荣贵　山东大学管理学院院长，国际项目管理协会副主席
马文军　山东女子学院工商管理学院教授
马德卫　山东国程置业有限公司董事长
王　伟　华北电力大学马克思主义学院院长、教授
王　庆　天津商业大学管理学院院长、教授
王文彬　中共团风县委平安办副主任
王心娟　山东理工大学管理学院教授
王仕斌　企业管理出版社副社长
王西胜　广东省蓝态幸福文化公益基金会学术委员会委员，菏泽市第十五届政协委员
王茂兴　寿光市政协原主席、关工委主任
王学秀　南开大学商学院现代管理研究所副所长
王建军　中国企业联合会企业文化工作部主任
王建斌　西安建正置业有限公司总经理
王俊清　大连理工大学财务部长
王新刚　中南财经政法大学工商管理学院教授
毛先华　江西大有科技有限公司创始人
方　军　安徽财经大学文学院院长、教授
邓汉成　万载诚济医院董事长兼院长

冯彦明	中央民族大学经济学院教授
巩见刚	大连理工大学公共管理学院副教授
毕建欣	宁波财经学院金融与信息学院金融工程系主任
吕　力	扬州大学商学院教授，扬州大学新工商文明与中国传统文化研究中心主任
刘文锦	宁夏民生房地产开发有限公司董事长
刘鹏凯	江苏黑松林粘合剂厂有限公司董事长
齐善鸿	南开大学商学院教授
江端预	株洲千金药业股份有限公司原党委书记、董事长
严家明	中国商业文化研究会范蠡文化研究分会执行会长兼秘书长
苏　勇	复旦大学管理学院教授，复旦大学东方管理研究院创始院长
李小虎	佛山市法萨建材有限公司董事长
李文明	江西财经大学工商管理学院教授
李景春	山西天元集团创始人
李曦辉	中央民族大学管理学院教授
吴通福	江西财经大学中国管理思想研究院教授
吴照云	江西财经大学原副校长、教授
吴满辉	广东鑫风风机有限公司董事长
余来明	武汉大学中国传统文化研究中心副主任
辛　杰	山东大学管理学院教授
张　华	广东省蓝态幸福文化公益基金会理事长
张卫东	太原学院管理系主任、教授
张正明	广州市伟正金属构件有限公司董事长
张守刚	江西财经大学工商管理学院市场营销系副主任
陈　中	扬州大学商学院副教授
陈　静	企业管理出版社社长兼总编辑
陈晓霞	孟子研究院党委书记、院长、研究员
范立方	广东省蓝态幸福文化公益基金会秘书长

范希春　中国商业文化研究会中华优秀传统文化传承发展分会专家委员会专家
林　嵩　中央财经大学商学院院长、教授
罗　敏　英德华粤艺术学校校长
周卫中　中央财经大学中国企业研究中心主任、商学院教授
周文生　范蠡文化研究（中国）联会秘书长，苏州干部学院特聘教授
郑俊飞　广州穗华口腔医院总裁
郑济洲　福建省委党校科学社会主义与政治学教研部副主任
赵德存　山东鲁泰建材科技集团有限公司党委书记、董事长
胡国栋　东北财经大学工商管理学院教授，中国管理思想研究院院长
胡海波　江西财经大学工商管理学院院长、教授
战　伟　广州叁谷文化传媒有限公司CEO
钟　尉　江西财经大学工商管理学院讲师、系支部书记
宫玉振　北京大学国家发展研究院发树讲席教授、BiMBA商学院副院长兼EMBA学术主任
姚咏梅　《企业家》杂志社企业文化研究中心主任
莫林虎　中央财经大学文化与传媒学院学术委员会副主任、教授
贾旭东　兰州大学管理学院教授，"中国管理50人"成员
贾利军　华东师范大学经济与管理学院教授
晁　罡　华南理工大学工商管理学院教授、CSR研究中心主任
倪　春　江苏先锋党建研究院院长
徐立国　西安交通大学管理学院副教授
殷　雄　中国广核集团专职董事
凌　琳　广州德生智能信息技术有限公司总经理
郭　毅　华东理工大学商学院教授
郭国庆　中国人民大学商学院教授，中国人民大学中国市场营销研究中心主任

唐少清	北京联合大学管理学院教授，中国商业文化研究会企业创新文化分会会长
唐旭诚	嘉兴市新儒商企业创新与发展研究院理事长、执行院长
黄金枝	哈尔滨工程大学经济管理学院副教授
黄海啸	山东大学经济学院副教授，山东大学教育强国研究中心主任
曹振杰	温州商学院副教授
雪　漠	甘肃省作家协会副主席
阎继红	山西省老字号协会会长，太原六味斋实业有限公司董事长
梁　刚	北京邮电大学数字媒体与设计艺术学院副教授
程少川	西安交通大学管理学院副教授
谢佩洪	上海对外经贸大学学位评定委员会副主席，南泰品牌发展研究院首任执行院长、教授
谢泽辉	广东铁杆中医健康管理有限公司总裁
谢振芳	太原城市职业技术学院教授
蔡长运	福建林业技术学院教师，高级工程师
黎红雷	中山大学教授，全国新儒商团体联席会议秘书长
颜世富	上海交通大学东方管理研究中心主任

总编辑： 陈　静
副总编： 王仕斌
编　辑：（按姓氏笔画排序）
　　　于湘怡　尤　颖　田　天　耳海燕　刘玉双　李雪松　杨慧芳
　　　宋可力　张　丽　张　羿　张宝珠　陈　戈　赵喜勤　侯春霞
　　　徐金凤　黄　爽　蒋舒娟　韩天放　解智龙

序 一

以中华优秀传统文化为源　启中国式现代管理新篇

中华优秀传统文化形成于中华民族漫长的历史发展过程中，不断被创造和丰富，不断推陈出新、与时俱进，成为滋养中国式现代化的不竭营养。它包含的丰富哲学思想、价值观念、艺术情趣和科学智慧，是中华民族的宝贵精神矿藏。党的十八大以来，以习近平同志为核心的党中央高度重视中华优秀传统文化的创造性转化和创新性发展。习近平总书记指出"中华优秀传统文化是中华民族的精神命脉，是涵养社会主义核心价值观的重要源泉，也是我们在世界文化激荡中站稳脚跟的坚实根基"。

管理既是人类的一项基本实践活动，也是一个理论研究领域。随着社会的发展，管理在各个领域变得越来越重要。从个体管理到组织管理，从经济管理到政务管理，从作坊管理到企业管理，管理不断被赋予新的意义和充实新的内容。而在历史进程中，一个国家的文化将不可避免地对管理产生巨大的影响，可以说，每一个重要时期的管理方式无不带有深深的文化印记。随着中国步入新时代，在管理领域实施中华优秀传统文化的创造性转化和创新性发展，已经成为一项应用面广、需求量大、题材丰富、潜力巨大的工作，在一些重要领域可能产生重大的理论突破和丰硕的实践成果。

第一，中华优秀传统文化中蕴含着丰富的管理思想。中华优秀传统文化源远流长、博大精深，在管理方面有着极为丰富的内涵等待提炼和转化。比如，儒家倡导"仁政"思想，强调执政者要以仁爱之心实施管理，尤其要注重道德感化与人文关怀。借助这种理念改善企业管理，将会推进构建和谐的组织人际关系，提升员工的忠诚度，增强其归属感。又如，道家的"无为而治"理念延伸到今天的企业管理之中，就是倡导顺应客观规律，避免过度干预，使组织在一种相对宽松自由的环境中实现自我调节与发展，管理者与员工可各安其位、各司其职，充分发挥个体的创造力。再如，法家的"法治"观念启示企业管理要建立健全规章制度，以严谨的体制机制确保组织运行的有序性与规范性，做到赏罚分明，激励员工积极进取。可以明确，中华优秀传统文化为现代管理提供了多元的探索视角与深厚的理论基石。

第二，现代管理越来越重视文化的功能和作用。现代管理是在人类社会工业化进程中产生并发展的科学工具，对人类经济社会发展起到了至关重要的推进作用。自近代西方工业革命前后，现代管理理念与方法不断创造革新，在推动企业从传统的小作坊模式向大规模、高效率的现代化企业，进而向数字化企业转型的过程中，文化的作用被空前强调，由此衍生的企业使命、愿景、价值观成为企业发展最为强劲的内生动力。以文化引导的科学管理，要求不仅要有合理的组织架构设计、生产流程优化等手段，而且要有周密的人力资源规划、奖惩激励机制等方法，这都极大地增强了员工在企业中的归属感并促进员工发挥能动作用，在创造更多的经济价值的同时体现重要的社会价值。以人为本的现代管理之所以在推动产业升级、促进经济增长、提升国际竞争力等方面须臾不可缺少，是因为其体现出企业的使命不仅是获取利润，更要注重社会责任与可持续发展，在环境保护、社会公平等方面发挥积极影响力，推动人类社会向着更加文明、和谐、包容、可持续的方向迈进。今天，管理又面临数字技术的挑战，更加需要更多元的思想基础和文化资源的支持。

第三，中华优秀传统文化与现代管理结合研究具有极强的必要性。随着全球经济一体化进程的加速，文化多元化背景下的管理面临着前所未有的挑战与机遇。一方面，现代管理理论多源于西方，在应用于本土企业与组织时，往往会出现"水土不服"的现象，难以充分契合中国员工与生俱来的文化背景与社会心理。中华优秀传统文化所蕴含的价值观、思维方式与行为准则能够为现代管理面对中国员工时提供本土化的解决方案，使其更具适应性与生命力。另一方面，中华优秀传统文化因其指导性、亲和性、教化性而能够在现代企业中找到新的传承与发展路径，其与现代管理的结合能够为经济与社会注入新的活力，从而实现优秀传统文化在企业管理实践中的创造性转化和创新性发展。这种结合不仅有助于提升中国企业与组织的管理水平，增强文化自信，还能够为世界管理理论贡献独特的中国智慧与中国方案，促进不同文化的交流互鉴与共同发展。

近年来，中国企业在钢铁、建材、石化、高铁、电子、航空航天、新能源汽车等领域通过锻长板、补短板、强弱项，大步迈向全球产业链和价值链的中高端，成果显著。中国企业取得的每一个成就、每一项进步，离不开中国特色现代管理思想、理论、知识、方法的应用与创新。中国特色的现代管理既有"洋为中用"的丰富内容，也与中华优秀传统文化的"古为今用"密不可分。

"中华优秀传统文化与现代管理融合"丛书（以下简称"丛书"）正是在这一时代背景下应运而生的，旨在为中华优秀传统文化与现代管理的深度融合探寻路径、总结经验、提供借鉴，为推动中国特色现代管理事业贡献智慧与力量。

"丛书"汇聚了中国传统文化学者和实践专家双方的力量，尝试从现代管理领域常见、常用的知识、概念角度细分开来，在每个现代管理细分领域，回望追溯中华优秀传统文化中的对应领域，重在通过有强大生命力的思想和智慧精华，以"古今融会贯通"的方式，进行深入研究、探索，以期推出对我国现代管理有更强滋养力和更高使用价值的系列成果。

文化学者的治学之道，往往是深入研究经典文献，挖掘其中蕴含的智慧，并对其进行系统性的整理与理论升华。据此形成的中华优秀传统文化为现代管理提供了深厚的文化底蕴与理论支撑。研究者从浩瀚典籍中梳理出优秀传统文化在不同历史时期的管理实践案例，分析其成功经验与失败教训，为现代管理提供了宝贵的历史借鉴。

实践专家则将传统文化理念应用于实际管理工作中，通过在企业或组织内部开展文化建设、管理模式创新等实践活动，检验传统文化在现代管理中的可行性与有效性，并根据实践反馈不断调整与完善应用方法。他们从企业或组织运营的微观层面出发，为传统文化与现代管理的结合提供了丰富的实践经验与现实案例，使传统文化在现代管理中的应用更具操作性与针对性。

"丛书"涵盖了从传统文化与现代管理理论研究到不同行业、不同

序 一

领域应用实践案例分析等多方面内容，形成了一套较为完整的知识体系。"丛书"不仅是研究成果的结晶，更可看作传播中华优秀传统文化与现代管理理念的重要尝试。还可以将"丛书"看作一座丰富的知识宝库，它全方位、多层次地为广大读者提供了中华优秀传统文化在现代管理中应用与发展的工具包。

可以毫不夸张地说，每一本图书都凝聚着作者的智慧与心血，或是对某一传统管理思想在现代管理语境下的创新性解读，或是对某一行业或领域运用优秀传统文化提升管理效能的深度探索，或是对传统文化与现代管理融合实践中成功案例与经验教训的详细总结。"丛书"通过文字的力量，将传统文化的魅力与现代管理的智慧传递给广大读者。

在未来的发展征程中，我们将持续深入推进中华优秀传统文化在现代管理中的创造性转化和创新性发展工作。我们坚信，在全社会的共同努力下，中华优秀传统文化必将在现代管理的广阔舞台上绽放出更加绚丽多彩的光芒。在中华优秀传统文化与现代管理融合发展的道路上砥砺前行，为实现中华民族伟大复兴的中国梦做出更大的贡献！

是为序。

朱宏任

中国企业联合会、中国企业家协会

党委书记、常务副会长兼秘书长

序　二

文化传承　任重道远

财政部国资预算项目"中华优秀传统文化在现代管理中的创造性转化与创新性发展工程"系列成果——"中华优秀传统文化与现代管理融合"丛书和读者见面了。

一

这是一组可贵的成果，也是一组不够完美的成果。

说她可贵，因为这是大力弘扬中华优秀传统文化（以下简称优秀文化）、提升文化自信、"振民育德"的工作成果。

说她可贵，因为这套丛书汇集了国内该领域一批优秀专家学者的优秀研究成果和一批真心践行优秀文化的企业和社会机构的卓有成效的经验。

说她可贵，因为这套成果是近年来传统文化与现代管理有效融合的规模最大的成果之一。

说她可贵，还因为这个项目得到了财政部、国务院国资委、中国企业联合会等部门的宝贵指导和支持，得到了许多专家学者、企业家等朋友的无私帮助。

说她不够完美，因为学习践行传承发展优秀文化永无止境、永远在进步完善的路上，正如王阳明所讲"善无尽""未有止"。

说她不够完美，因为优秀文化在现代管理的创造性转化与创新性发展中，还需要更多的研究专家、社会力量投入其中。

说她不够完美，还因为在践行优秀文化过程中，很多单位尚处于摸索阶段，且需要更多真心践行优秀文化的个人和组织。

当然，项目结项时间紧、任务重，也是一个逆向推动的因素。

二

2022年，在征求多位管理专家和管理者意见的基础上，我们根据有关文件精神和要求，成立专门领导小组，认真准备，申报国资预算项目"中华优秀传统文化在现代管理中的创造性转化与创新性发展工程"。经过严格的评审筛选，我们荣幸地获准承担该项目的总运作任务。之后，我们就紧锣密鼓地开始了调研工作，走访研究机构和专家，考察践行优秀文化的企业和社会机构，寻找适合承担子项目的专家学者和实践单位。

最初我们的计划是，该项目分成"管理自己""管理他人""管理事务""实践案例"几部分，共由60多个子项目组成；且主要由专家学者的研究成果专著组成，再加上几个实践案例。但是，在调研的初期，我们发现一些新情况，于是基于客观现实，适时做出了调整。

第一，我们知道做好该项目的工作难度，因为我们预想，在优秀文化和现代管理两个领域都有较深造诣并能融会贯通的专家学者不够多。在调研过程中，我们很快发现，实际上这样的专家学者比我们预想的更少。与此同时，我们在广东等地考察调研过程中，发现有一批真心践行优秀文化的企业和社会机构。经过慎重研究，我们决定适当提高践行案例比重，研究专著占比适当降低，但绝对数不一定减少，必要时可加大自有资金投入，支持更多优秀项目。

第二，对于子项目的具体设置，我们不执着于最初的设想，固定甚至限制在一些话题里，而是根据实际"供给方"和"需求方"情况，实事求是地做必要的调整，旨在吸引更多优秀专家、践行者参与项目，支持更多优秀文化与现代管理融合的优秀成果研发和实践案例创作的出版宣传，以利于文化传承发展。

第三，开始阶段，我们主要以推荐的方式选择承担子项目的专家、企业和社会机构。运作一段时间后，考虑到这个项目的重要性和影响力，我们觉得应该面向全社会吸纳优秀专家和机构参与这个项目。在请示有关方面同意后，我们于2023年9月开始公开征集研究人员、研究成果和实践案例，并得到了广泛响应，许多人主动申请参与承担子项目。

三

这个项目从开始就注重社会效益，我们按照有关文件精神，对子项目研发创作提出了不同于一般研究课题的建议，形成了这个项目自身的特点。

（一）重视情怀与担当

我们很重视参与项目的专家和机构在弘扬优秀文化方面的情怀和担当，比如，要求子项目承担人"发心要正，导人向善""充分体现优秀文化'优秀'二字内涵，对传统文化去粗取精、去伪存真"等。这一点与通常的课题项目有明显不同。

（二）子项目内容覆盖面广

一是众多专家学者从不同角度将优秀文化与现代管理有机融合。二是在确保质量的前提下，充分考虑到子项目的代表性和示范效果，聚合了企业、学校、社区、医院、培训机构及有地方政府背景的机构；其他还有民间传统智慧等内容。

（三）研究范式和叙述方式的创新

我们提倡"选择现代管理的一个领域，把与此密切相关的优秀文化高度融合、打成一片，再以现代人喜闻乐见的形式，与选择的现代管理领域实现融会贯通"，在传统文化方面不局限于某人、某家某派、某经典，以避免顾此失彼、支离散乱。尽管在研究范式创新方面的实际效果还不够理想，有的专家甚至不习惯突破既有的研究范式和纯学术叙述方式，但还是有很多子项目在一定程度上实现了研究范式和叙述方式的创新。另外，在创作形式上，我们尽量发挥创作者的才华智慧，不做形式上的硬性要求，不因形式伤害内容。

（四）强调本体意识

"本体观"是中华优秀传统文化的重要标志，相当于王阳明强调的"宗旨"和"头脑"。两千多年来，特别是近现代以来，很多学者在认知优秀文化方面往往失其本体，多在细枝末节上下功夫；于是，著述虽多，有的却如王阳明讲的"不明其本，而徒事其末"。这次很多子项目内容在优秀文化端本清源和体用一源方面有了宝贵的探索。

（五）实践丰富，案例创新

案例部分加强了践行优秀文化带来的生动事例和感人故事，给人以触动和启示。比如，有的地方践行优秀文化后，离婚率、刑事案件大幅度下降；有家房地产开发商，在企业最困难的时候，仍将大部分现金支付给建筑商，说"他们更难"；有的企业上新项目时，首先问的是"这个项目有没有公害？""符不符合国家发展大势？""能不能切实帮到一批人？"；有家民营职业学校，以前不少学生素质不高，后来他们以优秀文化教化学生，收到良好效果，学生素质明显提高，有的家长流着眼泪跟校长道谢："感谢学校救了我们全家！"；等等。

四

调研考察过程也是我们学习总结反省的过程。通过调研，我们学到了许多书本中学不到的东西，收获了满满的启发和感动。同时，我们发现，在学习阐释践行优秀文化上，有些基本问题还需要进一步厘清和重视。试举几点：

（一）"小学"与"大学"

这里的"小学"指的是传统意义上的文字学、音韵学、训诂学等，而"大学"是指"大学之道在明明德"的大学。现在，不少学者特别是文史哲背景的学者，在"小学"范畴苦苦用功，做出了很多学术成果，还需要在"大学"修身悟本上下功夫。陆九渊说："读书固不可不晓文义，然只以晓文义为是，只是儿童之学，须看意旨所在。"又说"血脉不明，沉溺章句何益？"

(二) 王道与霸道

霸道更契合现代竞争理念，所以更为今人所看重。商学领域的很多人都偏爱霸道，认为王道是慢功夫、不现实，霸道更功利、见效快。孟子说："仲尼之徒无道桓、文之事者。"（桓、文指的是齐桓公和晋文公，春秋著名两霸）王阳明更说这是"孔门家法"。对于王道和霸道，王阳明在其"拔本塞源论"中有专门论述："三代之衰，王道熄而霸术焻……霸者之徒，窃取先王之近似者，假之于外，以内济其私己之欲，天下靡然而宗之，圣人之道遂以芜塞。相仿相效，日求所以富强之说，倾诈之谋，攻伐之计……既其久也，斗争劫夺，不胜其祸……而霸术亦有所不能行矣。"

其实，霸道思想在工业化以来的西方思想家和学者论著中体现得很多。虽然工业化确实给人类带来了福祉，但是也带来了许多不良后果。联合国《未来契约》（2024年）中指出："我们面临日益严峻、关乎存亡的灾难性风险"。

(三) 小人儒与君子儒

在"小人儒与君子儒"方面，其实还是一个是否明白优秀文化的本体问题。陆九渊说："古之所谓小人儒者，亦不过依据末节细行以自律"，而君子儒简单来说是"修身上达"。现在很多真心践行优秀文化的个人和单位做得很好，但也有些人和机构，日常所做不少都还停留在小人儒层面。这些当然非常重要，因为我们在这方面严重缺课，需要好好补课，但是不能局限于或满足于小人儒，要时刻也不能忘了行"君子儒"。不可把小人儒当作优秀文化的究竟内涵，这样会误己误人。

（四）以财发身与以身发财

《大学》讲："仁者以财发身，不仁者以身发财"。以财发身的目的是修身做人，以身发财的目的是逐利。我们看到有的身家亿万的人活得很辛苦、焦虑不安，这在一定意义上讲就是以身发财。我们在调查过程中也发现有的企业家通过学习践行优秀文化，从办企业"焦虑多""压力大"到办企业"有欢喜心"。王阳明说："常快活便是功夫。""有欢喜心"的企业往往员工满足感、幸福感更强，事业也更顺利，因为他们不再贪婪自私甚至损人利己，而是充满善念和爱心，更符合天理，所谓"得道者多助"。

（五）喻义与喻利

子曰："君子喻于义，小人喻于利"。义利关系在传统文化中是一个很重要的话题，也是优秀文化与现代管理融合绕不开的话题。前面讲到的那家开发商，在企业困难的时候，仍坚持把大部分现金支付给建筑商，他们收获的是"做好事，好事来"。相反，在文化传承中，有的机构打着"文化搭台经济唱戏"的幌子，利用人们学习优秀文化的热情，搞媚俗的文化活动赚钱，歪曲了优秀文化的内涵和价值，影响很坏。我们发现，在义利观方面，一是很多情况下把义和利当作对立的两个方面；二是对义利观的认知似乎每况愈下，特别是在西方近代资本主义精神和人性恶假设背景下，对人性恶的利用和鼓励（所谓"私恶即公利"），出现了太多的重利轻义、危害社会的行为，以致产生了联合国《未来契约》中"可持续发展目标的实现岌岌可危"的情况。人类只有树立正确的义利观，才能共同构建人类命运共同体。

（六）笃行与空谈

党的十八大以来，党中央坚持把文化建设摆在治国理政突出位置，全国上下掀起了弘扬中华优秀传统文化的热潮，文化建设在正本清源、守正创新中取得了历史性成就。在大好形势下，有一些个人和机构在真心学习践行优秀文化方面存在不足，他们往往只停留在口头说教、走过场、做表面文章，缺乏真心真实笃行。他们这么做，是对群众学习传承优秀文化的误导，影响不好。

五

文化关乎国本、国运，是一个国家、一个民族发展中最基本、最深沉、最持久的力量。

中华文明源远流长，中华文化博大精深。弘扬中华优秀传统文化任重道远。

"中华优秀传统文化与现代管理融合"丛书的出版，不仅凝聚了子项目承担者的优秀研究成果和实践经验，同事们也付出了很大努力。我们在项目组织运作和编辑出版工作中，仍会存在这样那样的缺点和不足。成绩是我们进一步做好工作的动力，不足是我们今后努力的潜力。真诚期待广大专家学者、企业家、管理者、读者，对我们的工作提出批评指正，帮助我们改进、成长。

企业管理出版社国资预算项目领导小组

前　言

德学是关于中华文明智慧层面的学理体系。这个学理体系所包含的内容，横跨自然界和人类活动世界。她拥有将实践和空间结合为一体的严密的逻辑形式，属于真正意义上的实践理性的逻辑体系。这个逻辑体系包含了科学合理性判断的逻辑原则，是科学性判断背后的逻辑权柄。至于其中的理由，需要读者有足够的耐心进行理论观察才能够了解。本书可以是帮助读者进行这一理论审视的参考，也可以是理解"中国逻辑"之思想高度的一个拄杖。

如果早几年在网上查德学这个概念，我们还基本上看不到它的学理诠释。德学可以有的另一个学术名称，是"价值分析学"。这个学术体系的基本概念、逻辑建构是完备的，应用场景遍及一切学术领域。价值分析涉及的问题极为深广，近现代以来关于价值分析的方法论的研究一直不太成功。所以，在与价值分析关系最为紧密的经济学、管理学等领域，那个在学术意义上具有关键地位的"价值分析的方法论"一直是缺失的，有待弥补。

笔者2016年受《中国大百科全书（第三版）》编辑部之邀撰写"价值分析"词条。经笔者建议，该词条被设定为一个"大词条"，限制字数1500字。回观历史上为价值问题付出努力的众多哲学家们的洋洋巨著，用1500字讲解"价值分析"的要求显然十分严苛。所以这个词条的内容对于大众，甚至对于编著"全书"的专家们都显得很"干"，不太好把握。笔者2023年在华南理工大学出版社出版的专著《价值形式辩证逻辑原理》中，用了一万多字讲解价值逻辑下的中国哲学体系。该专著汇集了笔者十多年来在哲学、经济学、管理学、中医学、教育学、阳明心学等领域的思考。但作为哲学专著，其使用的语言风格仍然显得过于"学术"，好几位同行朋友都直言"看不懂"。由此看来，笔者的码字任务还没有完成。

　　本书的缘起是应企业管理出版社的邀约，写作要求是通俗好读。于是笔者根据自己给西安交通大学本科生开的通识课讲义内容、学生们学习中问到的问题，加上学生们对于德学思想体系的思考和应用，撰写了这本《中华德学与现代经营》。西安交通大学本科生通识课"中华德学原理源流与经典学习导引"在学生中很受欢迎，在各专业的本科生中口碑不错。所以看来这门看似高深的智慧之学，在理解方面并非遥不可及。这本书的面世，或许多少能给希望更加深入地把握德学思想的读者提供一些参考，也为《中国大百科全书（第三版）》"价值分析"词条增加一些润色和理解的空间。

　　本书的编写是与研究生李欣然合作完成的。李欣然同学是一位思维缜密，对内心感受十分敏锐的学生，很有理论洞察力。她在研究生阶段对德学学理体系的内容进行了十分细心的梳理和审视。在基本接受的前提下，也提出了很多的疑问，笔者因而对她的问题进行了回答。问答加上李欣然同学的理论梳理和理解，加起来有两万多字。很大程度上，她也是在为很多存此疑问的读者质询。在笔者看来，这些问题的提出是对这个学术体系能够走向读者的极大贡献。没有这些问题的提出，德学就

前　言

如同空中楼阁，似乎很难接上地气。

　　本书包含以下内容：德学的实践理性学理意义；德学的经营视野；德学学理体系；管理学方法论的德学内涵；德学学理视域下的经营者修养；德学问答选；两篇笔者认为比较重要的相关学术论文，两篇本科生用德学视野做的作业（分别为针对科学研究问题和律法构建问题的应用），以及两篇本科生的德学课程学习感悟和收获。

　　因为笔者本身学识浅薄，作为对中华文明核心精神的粗浅理解，本书的编写难免挂一漏万，不足之处在所难免。祈愿有识之士慧眼指正，以期日后进行完善。

程少川

目 录

第一章　引　言　1
第二章　德学的实践理性学理意义　7
第三章　德学的经营视野　13
　　　　一、价值存在于关系之中　15
　　　　二、"天人若一"与修齐治平的经营之道　16

第四章　德学学理体系　21
　　　　一、德学的基本范畴　23
　　　　二、"玄而又玄"的关系　25
　　　　三、关系逻辑的基本结构——"元亨利贞"　26
　　　　四、认识"元亨利贞"　27
　　　　五、价值形式辩证逻辑原理　33
　　　　六、价值分析的方法论　36
　　　　七、价值形式辩证逻辑原理下的基本结论　39
　　　　八、德学学理体系的学理地位和方法论意义　43

第五章　管理学方法论的德学内涵　51
　　　　一、管理学性质争论的起因与基本问题　53
　　　　二、管理本质的学理抉择　54
　　　　三、现代管理理论的价值含义　58

第六章 德学学理视域下的经营者修养 71
  一、认识经营发展的价值实现空间 73
  二、经营者的价值理性观察视野 78
  三、价值经营的德学观察视野 79
  四、组织可持续经营的路径及其原理 96
  五、超越资本经营观的企业家价值选择观察 102

第七章 德学问答选 107
  一、解读《价值形式辩证逻辑原理》范畴之间的关系 109
  二、关于"元亨利贞"关系之困惑与梳理的回应 117
  三、关于"元亨利贞"认识与应用的问答 119

附录一 德学与价值逻辑立场下的理论探索和应用 145
  中国哲学视域下的中国价值管理理论体系研究 147
  整体性视域下的《周易》德学学理逻辑与学术意义
    导引 169
  基于德学视域的无线输电安全性价值评估 187
  德学在《中华人民共和国民法典》物权编中的学术
    意义的思考 194
  于"中华德学原理源流与经典学习导引"课程中收获
    的自我提升及成事之道 203
  "中华德学原理源流与经典学习导引"课程收获与
    体会 208

附录二 中华德学学理要点 215
主要参考文献 219
跋 220

第一章　引　言

第一章 引言

管理是实践的领域，所有的管理情境不论如何相似，都只会发生一次。所以面对管理问题时所需要的实践理性，不同于科学探索中面向"真理"的认知理性。科学认知面向事实，有认知理性的基本原则；而管理实践面向价值，有实践理性的基本原则。什么是实践理性的基本原则？这是西方哲学自康德以来的两百多年里，都没有获得答案的哲学问题。

对于以价值创造为本质的管理实践，价值判断是管理活动的核心要点。回顾几十年来的各种管理思想可知，管理学领域一直缺少价值分析的基础理论，甚至把价值探讨归结于科学管理之外的"非理性"领域。多年来主导管理学领域的"管理科学"不具备面向价值取舍的逻辑能力，管理学位教育受到企业家们的诟病已经不是新鲜事。

因为缺少价值判断的基本逻辑机能，过去几十年我们从西方引进的管理科学，也可以称作"缺少价值理性的管理学"。应该如何进行价值判断？这个问题在人类历史上从来都是一个极为深刻的哲学难题。过去东西方的很多哲学家试图探索这个问题，但都没有取得令人满意的结果。一些在管理学领域有较深资历和富于经验的学者，比如美国著名的管理学大师彼得·德鲁克经过多年的思考发现，把管理学当作类似于物理学的科学进行研究是一种歧途。走上这条歧途，管理学术研究难免与实践探索分道扬镳，或者远远落后于企业实践。

管理学应该为管理实践者提供思想方法的引导，这是该学问体系本身值得存在的理由所在。本书站在中国哲学实践理性的立场，谈谈"中国逻辑"作为一种真实存在的学术体系带来的思考价值，希望读者可以从本书中获得一些启发。

价值判断既是哲学问题，又是我们日日面对的实践问题。德国古典哲学的创始人康德提出了三个根本性的科学问题：

3

（1）我可以知道什么？

（2）我应该做什么？

（3）我可以期望什么？

这几个问题实际上也是所有思考者、经营者面临的根本性问题。康德穷尽一生之力，仅仅对第一个问题的解决做出了哲学基础性贡献。后两个问题涉及价值判断，西方的哲学基因在这个领域没有深入诠释的逻辑能力。

关于经营的价值判断，也涉及三个根本性的问题：

（1）管理经营的价值以何种形式存在？

（2）我们应该如何进行价值经营？

（3）价值经营的归宿在哪里？

遗憾的是，这几个关于价值的问题，长久地困扰了很多人。近几年，网络上有一些学者公开发声说"人生没有意义"。说明他们对于曾经为之长久努力奋斗的对象，在他们为之费尽心力之后，依然不能看到其可持续的价值。这于他们难免是一件非常遗憾的事。正如叔本华所指出的人生陷阱：人们总是在得不到的痛苦与得到后的无聊之间摇摆。然而，叔本华还有其更上一层楼的观点：解决问题的出路在于人生的智慧。人类历史上还是存在一些真正的大师级思想家的。中华文明是非常早熟的文明，可以说"出道即巅峰"。在她的文字开始出现的时代，已经完成了对目前来看历史最悠久、难度最大的哲学问题的思考，也就是对价值分析的方法论的总结。并且我们的祖先把关键的结论写在了关键经典《周易》开篇最为显著的位置。

中国文化传统中所有的经营都是为了一件事：成就完满的人生。无论是个人修养的经营还是家庭的经营，或是参与社会生活，都有一个共同的目标——"止于至善"。这并非一套空洞的思想，而是有它价值判

第一章 引言

断的理性源头、实践的方法论，以及实践的关键判断要素。"止于至善"与个人的环境际遇或者当时的声名成就关系并不大。正如有些人可以打好一手烂牌，即便在他们所处的时代可能很少被他人知道。

观察中国文化史中的各种重要典籍，可以发现最关键的思想要素和最重要的结论，往往都会在传承下来的经典的开篇位置提出来。这些思想彰显了中国文化与中国哲学所达到的高度，以及所包含的基本的文化精神。这些思想并不是面向虚无缥缈的文化理想，而是面向现实，有着非常亲切、现实、落地的实践理性内涵，是我们的祖先留给子孙后代极其深切的关怀和极为厚重的礼物。

改革开放以来，我国引入了大量西方管理理论与经验。但现实证明它们不足以用来解决各类经营者所面临的问题。每位经营者所处的环境不同，面临着各自不同的难题，这时候需要的不再是抽象的理论和方法，而是面对现实进行决断的智慧——这是一种实践理性。这种理性与每个人所处的具体环境有关，涉及每个人以及每个团队在具体环境下的价值判断。

不可思议的是，全球哲学界最艰深的价值判断的方法论问题，是在中国的古代经典中得到解决的。这个方法论是本书写作中所围绕的核心议题。我们的所有工作都是希望为读者最终把握这一方法论做出一点贡献。我们现在把这个学理体系称为德学，它还有其他很多种可以使用的名称，比如"价值逻辑""价值形式辩证逻辑""功能逻辑""效用逻辑"等。但是这些名称看上去都不如它本来的文字"元亨利贞"概括得精当而直接，这将是读者在本书中会接触到并逐渐了解的内容。

每个对未来抱有期待的人都是实际上的经营者，本书试图为各位读者各自独特的经营提供一点价值逻辑视野的参考。

第二章
德学的实践理性学理意义

说起德学,虽然名称是新的,但这是中华文化历史上十分古老,又十足先进的学理体系,是人类哲学成就的高峰。我们暂且从七个方面来谈这个学理体系的意义。

第一,这个学理体系是孔子五十岁以后,倾尽其晚年精力的学问所在。对于孔子所获得的成就,我们从德学的立场进行通俗的概括,则三个字可以尽述:"识好歹"。关于识德的问题,在孔子那里是备受重视的。孔子在与子路的对话中说:"由,知德者鲜矣!"但孔子没有细讲怎么识德。德学就是"识好歹"的学问。孔子说自己"十有五而志于学,三十而立,四十而不惑,五十而知天命,六十而耳顺,七十而从心所欲,不逾矩"。可以看出,六七十岁的时候是孔子思想真正趋向于成熟的阶段,是他的人生哲学最终形成的高级阶段。在此之前,孔子说:"加我数年,五十以学易,可以无大过矣。"很显然,孔子晚年的成就与他学习《周易》的价值判断有很直接的关系。"韦编三绝"也是孔子在学习《周易》的过程中发生的故事。孔子在《周易》当中所追寻的不仅仅是哲学,也是关于哲学的实践。这个实践是可以落地的,可以真正发展成为人的智慧和品质,并成就人生的意义。我们把《周易》价值判断的思想体系称为德学。德学是世界哲学的一个高峰。

第二,德学拥有老子在《道德经》当中没有明确指出的内在逻辑。在老子的时代,文字都非常简约,因为记录文字的成本很高,需要写在竹简上。据说老子也是被逼无奈,才留下《道德经》五千言,没工夫细讲里面的原理。当然,那时也没有现代的语言体系。如果我们学了德学的内在逻辑,就可以更加清晰地了解传统文化当中这些"精华表述"的内在意义。比如说"玄之又玄,众妙之门"的含义是什么?从"上德不德,是以有德"到"上礼为之而莫之应",为什么这样排序?其实这里面都是有逻辑的,就是那个"识好歹"的判断逻辑。把握逻辑基础,就有助于理解古人的"吾道一以贯之"。

第三，就东西方哲学比较而言，自康德以来若群星般的西方哲学家们终生追寻但没有弄明白的问题，可以在德学中找到答案。东西方哲人都知道，人类是自然的产物，必然要服从于所有的自然规律。但在被自然规律约束的条件下，人类到底存不存在自由？自由为什么能够存在？自由是如何存在的？人类的自由与在草地上生活着的牛羊的自由究竟有什么不同？

对这些问题，康德思考了一辈子，很可惜他最终也没有想明白。后面的哲学家跟着想，到现在也没有得到答案。为什么呢？因为他们早早把拥有完善答案的中国哲学放在了"低劣"的位置。这正应了老子"下士闻道，大笑之"的说法。现在走到了中华优秀传统文化复兴的阶段，重新认识中国哲学，也就是德学的学理意义，不仅对于中国很重要，对于全人类的发展也是非常有价值的。

第四，德学是"科学之所以为科学"的逻辑判断权柄。笔者经常被问："你讲的德学到底科不科学？"大家对科学是很服气的。但是要知道，科学研究所采用的一切方法、所获得的一切结论是否合理以及是否正确，并不是科学家或者科学体系本身能够予以判断的。对于这个问题，我们会在后文进行讲解。有过科学研究经验的人都可以回想一下：我们有没有在科学训练中学习过定性判断？什么是定性判断的原则和逻辑法则？定性判断对于一切研究来说都是十分关键的问题。对于这个问题，大家平时是如何解决的呢？一言以蔽之，无外乎自己看着办。如果所有的研究只是为了这样一个结局，还要学问做什么？在中国"识好歹"的学理面前，判断好歹绝不是相对主义的。尤其是一个判断是不是正确、可不可以纳入原理或规律的范围，其背后的逻辑机能存在于价值判断的逻辑基础之中。

第二章　德学的实践理性学理意义

第五，辩证法的概念是由黑格尔明确提出来的，但黑格尔对于辩证法并没有登堂入室。在西方哲学体系中，辩证法几乎是"诡辩"的同义词。为什么呢？因为他不了解辩证法的逻辑空间。他只是看到了"从整体性和变化性的立场来看待世界"的门，但是并没能够迈进去。怎么能登堂入室？这得问问中华德学学理体系。黑格尔虽然在康德的基础上有所进步，接受了矛盾与变化的现实，但也继承了康德在人类价值判断问题上的迷惑。他也不知道在自然规律约束下的人类是否可以拥有理性的自由，以及这种自由服从于怎样的逻辑与法则。他当然也无法理解中国哲学中存在的"时空合一"的辩证法思想，无法从理性上明了人类的自由存在于何处。

第六，德学的内在逻辑是中华文化价值选择的理性基础，是中华文明道德哲学的内在逻辑。在西方哲学中，至今存在一个难解的理论问题：为什么正确的道德是正确的？整个西方的价值体系一直处于混乱之中，造成了"道德相对主义"与"道德双标"的泛滥。于是"公说公有理，婆说婆有理"，最终的结局只是资本和权力说了算。这样一种格局难免使得"精致的利己主义"大行其道。中国哲学在"识好歹"以及优劣比较方面，具有普适且完善，广大而精微的理论建构。价值逻辑的普及可能为每个局中人的价值选择提供思考方法，进而改变社会系统中因为缺少价值理路导致的混乱格局。我们常讲中华文化博大精深，讲它"致广大而尽精微，极高明而道中庸"，那么能够涵盖这一切的基本理论形式是什么？我们可以在德学的学理体系及其实践应用中找到答案。

第七，德学提出了"止于至善"的人类理想，是拥有"止于至善"的方法论的学理体系。这个体系功能的发挥是从"识好歹"开始的。所谓"大学之道，在明明德，在亲民，在止于至善"。这种哲学思想不仅落实于个人的身心健康,也落实于家庭、社会,乃至国家的长治久安。德学是我们进行决策优化最为简洁且实用的路径。把握这个理论体系,可以为我们的生活与决策带来极大的方便。

第三章
德学的经营视野

第三章 德学的经营视野

首先我们要了解德学学理体系对于"德"字是怎样理解的。过去我们经常用到的"德"的概念，主要与人类社会生活中的那些人格品质有关。但在中国传统文化中，"德"的概念包含了自然界与人类活动世界一切对象的特征与功能，极为深广。中国历史上有很多学者对"德"进行过解释，但大多数是用其然而不言其所以然，或者说解释得不够好。一直到明末，中国出现了一位憨山德清禅师，他一生用大量时间研究《道德经》，最终给"德"下了一个定义："德者，成物之功也。"这个概括非常好，意思是说，德是万事万物得以成就的推动力和条件。这个定义把过去、现在和未来的一切现象，以及从认知理性到实践理性的一切客观观察与主观选择都涵盖其中。并且这个定义能够把它与中华文明的源头经典《周易》的价值逻辑机能构成一个整体，完成中国哲学的纯粹逻辑形式的建构。这部分纯哲学的问题在此不作细谈，有兴趣的读者可以参考笔者已经出版的《价值形式辩证逻辑原理》。

不同于近代以来把现象世界分割成多种不同学科的做法，在德学学理体系下观察人类生活，思考我们如何进行决策与选择，会有一种更加具有系统观和整体性的思维方式。德学从人天关系所遵循的"天人若一"基本原理出发，将人类的生命特质、健康条件、人与环境的关系和人类生存的道德法则，统一于同一个逻辑原理。在这个原理下，我们可以观察到万事万物普遍联系的基本原理和内在形式，从而找到那条提升"德能"与"智慧"的发展道路。

一、价值存在于关系之中

陕西省社会科学院的王玉樑研究员研究价值的本质，指出"价值属于关系范畴，具有功能特性"。这是我们理解价值的一个重要哲学门槛，稍微有一点抽象。打个通俗的比方，我们去市场买东西，多半会关注一

15

下价格，这是因为大家都处在关系结构中。如果人们说"没关系"，通常是在说这件事不受关注，怎么都行，也就不需要关注价值问题。影响一件物品售价的因素很多，比如可以包括售卖地点、对象贫富水平、时间因素、物品品相好坏等，这些都是影响价值的"关系因素"。

中国哲学的建立首先是从人天关系开始的。"天人若一"是中国哲学得以建立，并以人天关系为核心观察要素进行多种发现的基础性原理。从这一层关系原理，中华先祖发展出了关于价值认知和判断的完整哲学体系。我们首先从人天关系层面观察这一理论的可靠性和客观证据。

人类产生于自然，又依赖于自然进行生存和发展，自然环境所具有的周期性能量特质，也会影响到人类的生存状态和生理特点。我国重要的中医典籍《黄帝内经》中的《天元纪大论》一篇，对人天关系的彼此呼应进行了非常细致的归纳。对于很多自然现象和疾病的发生以及治疗规律，至今仍然能够采用相关理论进行预见并获得很好的成效。

二、"天人若一"与修齐治平的经营之道

"天人若一"理论视域下的修齐治平，正是中国文化传统中的经营之道。

"天人若一"道出了人与自然之间的整体性关系。在中华德学学理体系中，管理的本质是价值关系的发现与安排。从管理的范围来看，无论是管理个人的健康还是管理组织、社会、国际关系，都与价值关系的发现和安排有关。从这个意义来观察，"天人若一"的人天关系对于管理也具有很多的应用价值。对于个人而言，自我管理的最基本的价值是保持个体良好的健康水平，以能够完成所参与的各种社会活动。如果我们能够正确地理解每一位个体的先天禀赋和能量周期特点，从而与社会

活动的各种职能需求进行适当的配合，就可能获得更好的管理成效。所收获的可能包括健康、效率和多种社会价值的提升。个体的能量特质的特殊性，意味着每个个体都可以有自己的最佳时间安排，如果能够根据自身的特点找到适当的发挥空间，无疑对于自身和社会都十分有意义。

1. 修身

道教经典《阴符经》开篇说："观天之道，执天之行，尽矣。"中国儒家的开山祖师孔子，本质上也是一位自然主义者，对于天道规律的探索有着极高的重视。

中国文化中修身的基本出发点是依据"中道"来保持与提高身体的基本健康水平。而从"天人若一"的基本立场看，还存在多种人和天地运行关系的观察维度。一种常见的观点是：人应该随着太阳的升降而运作，日出而作，日落而息，这样才对保持健康有益。但是我们也经常看到一些例外，有些人是深夜工作而白天睡觉，同样也可以获得健康和长寿，以及更高的工作效率。"观天之道，执天之行"不是单方面因素决定的，而是整体性和系统性的思维范畴。

"天人若一"有"人天同构""人天交感""人天能量叠加"等多方面的人与自然之间相互关联的现象。"人天同构"指的是天有五运六气、人有五脏六腑等这一类的人天对应关系；"人天交感"是指人体与自然之间相互感应，例如，每个健康的人在不同的季节都有与季节相应的脉象，如春天的脉象为弦脉，夏天为洪脉，秋天为毛脉，冬天为沉脉；"人天能量叠加"是指自然能量状态与个体能量状态互相叠加，会引发各种不同的生理现象和疾病等。因此，根据人天关系和中道理论，就形成了中国哲学视域下的中医养生和治疗医学哲学原理。中医并不仅仅指产生于中国的医学，更重要的是指依据中道平衡的哲学理念建立的医学和养生的方法论思想体系。

每个人所拥有的天性实际上也是一种偏性。中华文化中修身的含义正是要让这种偏性回归于无偏的中道，从而获得完备的生命功能和生命价值，以应对环境变化带来的所有考验。关于修身的内涵非常丰富，在此不能一一赘述。这里仅仅谈一点纠偏的中道医学哲学基础。

敦煌莫高窟中曾经出土了一本南朝陶弘景所著的《辅行诀》，这本书根据五行能量运行特征，针对当时修真者观察到的各种疾病，指出了系统的用于纠偏的用药法则，成为后世经典方剂设计的一种理论基础。包括东方青龙汤对应辅助肝脏功能，西方白虎汤对应辅助肺脏功能，南方朱雀汤对应辅助心脏功能，北方玄武汤对应辅助肾脏功能等。各种中草药根据各自的生长环境和成熟时间，也都有各自的能量定位属性。而根据东南西北四个方向的用药法则，又可以进一步设计推理各种综合能量状态的用药以及纠偏法则。从汉代医圣张仲景的经典方剂中，也能够看出"天人一体"哲学体系的影响。

每个人都不可避免地存在自身的局限性，具有偏性的个人不能够感知甚至可能难以理解这个世界上存在的各种人天相应的复杂现象。为此，孔子所说的"毋意、毋必、毋固、毋我"应该成为修身的基本出发点。理解和包容，拥有自知之明，是中华文化中君子立身的基本前提。

2. 齐家

理解了"天人若一"理论视域下的个体所不可避免的偏性，才可能拥有齐家之道所需要的"明明德"的基础。一个良好的家庭关系，一定是家庭成员之间的能量结构正好构成互补的关系，彼此因为遇到对方而让整体能量结构变得更加完备，从而更健康、更愉快也更具有环境适应性。这意味着形成良好结合的夫妻双方在天赋的能量结构方面一定是存在差异的。因此，他们在生活习惯如饮食偏好、起居时间等方面往往会存在明显的差异。如果强求一致，则不可避免地会影响到一方的健康水平，久而久之就会对家庭的健康发展造成障碍。所以家庭关系中，家庭成员相互了解彼此天赋的能量构成特性，从而相互理解、相互尊重、相互照顾，才能相互安顿而达到长治久安，这无疑会对家庭的幸福、健康带来帮助。而过去封建社会的等级观念、男尊女卑等，绝不可与修身齐家的本质需要相提并论。

通过以上"天人若一"的理论，我们或许应该对大学之道放在首位的"明明德"进行一些反思。大学之道的"明明德"并不见得是指建立某种固定的、局部的道理或者高大上的榜样，来指导人们的生活实践，而是可以指通过了解"天人若一"的基本原理，从而达到人与人的相互理解、相互尊重、相互配合，以达成人人自立、自安、自足的和谐完美的社会。这里面包含了中华民族祖先对于现实的尊重，对于高尚人类生活关系的美好向往，以及人类通过认识人天关系可以走通的一条知行合一的实践道路。

3. 治国、平天下

从安顿自己到安顿一家之人，再延伸到安顿更加广泛的社会人群，乃至为全人类的安顿做出贡献，是中华文明中君子人生的伟大理想。这一宏伟志向的出发点和归宿，在儒学经典《大学》之中被放在显著而首要的位置，那就是"明明德"和"明明德于天下"。这里的"明明德"，可以理解为拥有对价值关系的判断力，用一种更为简单的表达就是觉悟。从自身的觉悟，到让所有的人都获得觉悟，是中华文明中的君子之道最为高尚和深远的价值理念。但是关于觉悟之道如何展开，从古至今有各种文化或宗教思想涉及，各宗各派众说纷纭，并没有能够找到一条可以贯通各种文化和信仰的内在主线。"天人若一"哲学体系具有周遍性和精微性，是罕见的能够把宏观和微观结合在同一哲学形式中的方法论，能够用于对一切现实环境的思考，用于面向"止于至善"的优化。

作为一种实质性地贯穿于一切生命的内在原理,"天人若一"可能成为全人类共有的觉悟之道。中医在全球范围内都受到了尊重,正说明产生中医的这个哲学体系本身具有高屋建瓴的视野。

目前国内有很多企业正在运用中国传统文化来提升企业员工的素养,实现企业员工的"同频共振",提升企业员工的合作效能,并取得了一定的成效。但是目前的培养仍然缺乏原理层面和中国哲学思维的教育。笔者相信,如果能够拥有对中国哲学"天人若一"基本原理和由此产生的道德原理的认识,就可以发现更多的价值创造空间。

总之,德学视野下的经营并不局限于生存,或者获取更多的利润,而是更关注经营中的人如何同自己的生存环境协调发展。这种经营,从个人健康、家庭和睦,到企业系统优化,乃至于打造中华文明在全球范围的文化软实力,都有一以贯之的哲学视野和方法论予以指导。德学视野不仅能够以简驭繁,也具有接纳一切新探索和新发现的开放性。"德者,成物之功也",就其发展而言,德学是面向未来、面向人类理想中所期望取得的一切成就、面向"止于至善"的原理、方法与路径。

第四章
德学学理体系

德学可以称为一切学术的根本性的学问，由它来决定各种各样的结论能不能成立。不仅限于学术研究，无论哪一个领域的思想者、实践者，只要涉及合理与不合理的疑问，都可以归入德学识别的范畴。"德者，成物之功也。"德是万事万物得以成就的推动力和条件。自然界、人类活动世界乃至理念世界的规律之为规律，原理之为原理，都依据德学的逻辑范畴而成立。

一、德学的基本范畴

"德者，成物之功也。"这个"成物之功"应该如何表达？这是德学的首要问题。

如果不熟悉哲学概念，很多人会把范畴当作范围来使用。这里解释一下范畴，范畴是构成直观逻辑判断的最基本的要素。比如木头是木头，铁是铁，石头是石头，是什么构成了我们进行这些判断的逻辑基础呢？康德用了一厚本的《纯粹理性批判》来解决这个问题。康德提出了认识事物的基本逻辑范畴，分别是"质、量、关系和模态"，这是他一辈子可以称为人生成就的工作成果。例如喜欢玉石的人，如何区分石英石、玉石和翡翠呢？一个通常的方法是通过密度来区分，石英石的密度大概是2.6，玉石约为3.0，翡翠约为3.3，而密度差别就是质量与体积的"关系"的差别。质、量、关系三者在进行判断时缺一不可，否则就无法识别什么东西是什么。模态是指物质可能存在的不同状态，比如水有气态、液态和固态。"质、量、关系和模态"这些基本的逻辑判断要素，构成了科学世界的逻辑判断原则。

哲学与科学之间的逻辑区别是什么？哲学为科学的逻辑判断提供基本的原则与方法。科学采用这个原则和方法对自然界进行探索。学术研究上升到"为逻辑提供基础"这个层面，就可以叫哲学。所以康德是哲学家。

　　德学有没有自己的逻辑和构成逻辑的范畴？当然是有的。拥有自己的基本概念和完备的逻辑体系才能称为"学"。所以德学也可以叫中国哲学，德学是中国哲学应有的名字。虽然叫中国哲学，但它并不仅仅适用于中国人。它是世间万事万物如此存在、如此成就的内在原理。中华德学的价值逻辑始自《周易》，这是中华文明从甲骨文算起最早出现的典籍之一。

　　翻开《周易》，我们最先看到的就是"乾坤"两卦，"乾坤"卦辞是对天地基本性质的概括，并且引申到人类的生存与天地之间的关系。"天行健，君子以自强不息。""地势坤，君子以厚德载物。"我们的祖先做学问有这样一种基本的出发点：一开眼，就已经包含了"天地"和其中的一切现象。天地间的万事万物都在我们的观察之中，无一例外。所以中国儒家有一个修身的观点："一事不知，儒者之耻。"由"乾坤"两卦所包含的天地间发生的一切事物，衍化为六十四卦象，蕴含着人们对事物吉凶悔吝的判断，即有关进退取舍的价值判断。而获得各种判断的理由和基本内涵，《周易》中只用了四个字："元亨利贞"。不难看到，这四个字贯穿了《周易》的所有卦象，这正是我们祖先用来进行价值判断的基本逻辑范畴。

　　"元亨利贞"在中国文化当中的重要性——作为源头的哲学基础——是无与伦比的。我们的祖先在书写传承文明的典籍时，往往会把最重要的事情写在最前面。就像每个家庭对于孩子的关怀，总想把美好的东西快快传递给孩子，"元亨利贞"就被放在紧跟着"乾坤"两卦的位置，后面才是"天行健，君子以自强不息""地势坤，君子以厚德载物"。"元亨利贞"所处的位置，反映了这个体系的创建者对它们的重视程度。这是价值决策（吉凶悔吝之判断）最重要的原理、原则和方法论。

二、"玄而又玄"的关系

在哲学思考中，关系是一个具有特殊地位的概念。它是统领自然界与人类活动世界一切问题的核心范畴。因为人们在日常生活中看不见它，所以它最容易为缺乏人生经验者所忽视。

首先，在科学认知中是不可以忽略关系的，因为忽略了关系，就没有科学的存在。但是科学体系从来没有认识到：关系有它的逻辑结构，以及不同于物理世界的逻辑性质，这是关系"有"的一面；关系是没有形态的，这是关系"无"的一面。我们都知道关系的作用不可以被忽视，"有"和"无"在此合二为一，这个逻辑特性与物理世界的逻辑不同——在物理世界中，没有这个东西，那么这个东西的作用也不会存在。不仅如此，关系还有"亦有亦无""非有非无"的逻辑性质。什么是"亦有亦无"呢？对于关系，我们通常都了解一些，但是无法了解全部。关系如何发生作用，人们通常可以有所把握，但又不能完全把握。所以说它"亦有亦无"。什么是"非有非无"呢？当一种关系出现的时候，我们可以用它，也可以不用它。关系既没有形态，又不占空间，某些关系的时机一过就不再存在。所以可以说，这种关系是"非有"的。但是如果我们在某一时刻抓住了这样一个时机，使一种关系被确定下来，那么这种关系就是"非无"的了。关系存在的状态非常类似于现代物理发现的量子。

这样一种"玄而又玄"的关系特性，为什么需要被重视？是因为我们所关心的价值以及价值创造，都不能脱离关系而存在。所有的现象，所有的数据，单凭它们本身都不能构成意义。打一个简单的比方，大象虽然很有力量，但是它的力量无法使它打到蚊蝇。蚊蝇虽然很小，它的肢体结构却可以让它腾空，但又难逃蛛网的束缚。人的身体参数，或者财富的多少等数据，也不能反映一个人的真实生存质量。本质上来说，所有的参数都不应该成为判断基准,也不是人类应该追求的真正目标。那什么是可以并且应该去追求的呢?中国哲学,也就是德学的思想体系,提出了一个方向——"止于至善"。这是一种关于面向关系优化的一切行为的价值判断,服从于关系的基本逻辑。

三、关系逻辑的基本结构——"元亨利贞"

中国古代的先人做学问时,有一种超乎寻常的整体思维能力。这种能力是目前的西方哲学家们依然难以理解的。比如康德提出的科学哲学范畴"质、量、关系、模态",统领了18世纪以来科学世界的基本逻辑。但是西方哲学家们始终无法想象价值判断应该应用怎样的范畴才合适,而这个问题在中国三千年前的《周易》学理体系中就已经解决了。

西方哲学对看得见、摸得着的具体世界,提出了经验逻辑基础上的逻辑判断原则。经验逻辑所依据的是感官能够感受得到的、能够产生经验的对象,比如眼看见、手摸到等这样一些经验。在这个基础上建立逻辑,比如铁可以制成铁器,黄金可以制成金饰,这属于科学,比较直观。但对看不见、摸不着的世界,比如关系——这个范畴的内在逻辑是怎样的?有没有可以用来表达的基本结构?——西方哲学家们到今天也未能参透。

我们不可能否定关系的存在,否则科学的大厦也就立不住了。关系有没有逻辑?有没有结构?我们的祖先早已得出了结论。这需要非常高超的抽象思维,因为关系这个东西没有形状,看不见、摸不着,不是感官接触的对象,而是理性才可以感知的对象。

我们学习的辩证唯物主义理论,讲万事万物是普遍联系的。但是它们是怎么联系的呢?人类的语言体系怎么能够描述这个无形无相又浩渺无边的关系呢?现代哲学体系中没有人讲过。《周易》当中的"元亨利贞"就是在讲这件事情。虽然古人记录的成本很高，用字十分简约，很难把想到、观察到的道理充分记录下来，但是我们的现代研究仍然可以从这些文字的应用和演化当中观察到"元亨利贞"的逻辑空间。

一切问题都处于非常具体的关系结构之中，所以关系结构的表达就成为一个至关重要的学术问题。如果对《周易》稍有研究和接触，就可以发现"元亨利贞"的判断贯穿于《周易》的所有卦象，它们是用来对一切问题进行判断的逻辑要素，反映了关系构成原理、关系识别的原则和方法论。

四、认识"元亨利贞"

价值逻辑的内涵在中国文化中其实已经存在了很久，只是中国历史上的思想家们没有对它进行过充分的和符合逻辑的论述。因为价值逻辑所从属的关系范畴没有形态，对其缺乏统一认识和表达的语言途径。尤其是价值逻辑所包含的背景的丰富性，是难以被充分表达的。这样就增加了这个理论体系的抽象性。因此，我们难免要在这个地方多费些笔墨，来帮助读者比较全面地了解这个体系的思想方法。

"元亨利贞"出现的具体年代目前无法考察，现在能够看到的文献中，"元亨利贞"在孔子所处的春秋时代已经被成体系地应用。相传是孔子所作的《文言》对"元亨利贞"进行过诠释："元者，善之长也；亨者，嘉之会也；利者，义之和也；贞者，事之干也。"关于这个诠释的解读，过去的思想家们众说纷纭，但一直没有认识到它是一个用于价值判断的逻辑体系。现在我们可以借助现代科学与哲学发展的视野，来重新审视这个思想体系的意义。

1. 元

"元"，孔子说它是"善之长"。在讲"元"之前，我们需要了解孔子是个什么样的人。孔子被后世视为"儒家思想"的开创者，但孔子在他的时代并没有想开创"儒家"。"儒家"是在他之后的学者对他的思想体系的一个称谓，在这个思想体系的继承中还夹杂了很多的变数。比如董仲舒提出的"三纲五常"，实际上是对孔子思想体系的异化，导致人们至今对孔子的思想都存在很多误解。孔子本质上是一个求"道"的人。对于这个判断，我们可以从孔子以命相许的话来认识，他说："朝闻道，夕死可矣！"又说："志于道，据于德，依于仁，游于艺。"孔子用于表达人生志向的话，其意义是不可以与《论语》中的其他记录相提并论的。在这个基础上，我们再来谈孔子的价值判断，以及他最重视的"元"的意义就别有一番味道了。

关于"元"的含义，我们其实并不需要寻问古人才能明白。一方面是因为古人也没有讲明白，另一方面的原因在于这些文字的含义并没有离开我们的生活，我们只需要从现实生活当中认识它们就可以了。当我们用到"元"的时候，以及我们在哲学讨论中说起"元理论"这一概念时，"元"包含了什么内容呢？我们不妨用学小学语文的功夫来观察一下："元"可以构成哪些词语？元旦、元素、元气、元首、元帅、元老……可以发现，"元"有初始性、先天性、首要性、决定性、基础性、全局性的含义。现代科学所发现的各种规律，加上所有不以人的意志为转移的因素，都可以被归入"元"的范畴。

"元"的意义，在不同的情境下可以有很多不同的理解角度，它们都是关乎决定性的作用的，这正是"元者，善之长也"的内在含义。打个比方：一粒种子，它可以包含根、茎、叶、花、果等所有的生命轨迹的内在法则，这可以理解为全局性；这粒种子的先天性决定了它将来所出现的结果，所以我们打算收获什么，对种子的选择是首要的，是对未来的结果具有决定性的，这是我们播种的基础。

"元"可以作为我们做事情的出发点，可以理解为人或事物的先天特质，可以理解为自然规律带来的决定性，可以理解为环境关系的整体性，也可以理解为某种具有统治地位的力量。

先天性涉及我们观察的各种对象。从严格意义上来说，世界上不存在两个完全相同的人或者事物。我们以人为例来讨论一下先天性的不同侧面。

（1）先天综合性：人的生命特质包含基因特质和时空特质。物质层面的基因并不是生命的唯一决定因素，这是同一对父母生出的子女在体格、性情等方面存在众多不同的原因。这也是生命维护的科学不能从单一因素的观察立场来建立理论的学理原因。

（2）先天独特性：由于每一个个体出生的时间和地点的不同以及其他生理特质的差异，每一个生命都有其内在特征构成的整体性以及独特性。就生命的独特性而言，他在严格意义上并不是经验逻辑科学的研究对象，因为除此之外并没有一个相同的其他人作为经验基础。作为独特的人，只能是关于生命价值体系的"纯粹实践理性"的研究对象，这种"纯粹实践理性"，目前被中医学认识得比较清楚。

（3）先天基础性：每一个人的先天整体性基础是不可再造的。因为决定能量性质的时间和空间的结合时机不可能再现。所以严格来说，即便"克隆"，也不可能再造与干细胞来源一样的一个个体。这是生命物质移植过程中出现排异的基础性原因。

（4）先天有限性：构成每个个体生命基础的内在整体性特质所对应的物质和能量是有限的，不能被无限复制和使用，所以需要以"俭用"为维护生理持续健康的基本原则。

关于"元"这个最重要的范畴的认识和探索，实际上构成了我们每个人的三观，也就是世界观、人生观、价值观，它们构成了一个人的心胸格局。对于"元"的认识，是一个持续进行扩充和完善的过程，"元"不仅包含了自然中某些不可扭转的决定性，还包含了我们参与其中所可以拥有的改变的力量，以及拥有自由的可能。

需要注意的是，对于"元"的认识需要有不同于传统科学层面的、更高层次的逻辑严密性。这个严密性反映在什么地方呢？反映在对"时空一体"这个原理的严格守护上。在这个原理下，世界上存不存在两个一模一样的对象、两件一模一样的事情呢？结论是不存在。希腊哲学家赫拉克利特曾说："人不能两次踏进同一条河流。""一切皆流，无物常驻。"这说的也是时空不可分割的道理——直到爱因斯坦提出"相对论"，科学才登上"时空一体"的学术台阶，"时空一体"在科学界成为一个相对普遍的认识。但到目前为止，我们很多时候应用的科学研究方法还是相对粗糙的：我们仍然会经常把时间视为一个独立因素。比如在牛顿的模型中，时间的差异性是被"忽视"的。牛顿三定律所涉及的精度要求，没必要也没办法纳入时间的差异。还有西方医学，不太会区分人与人之间的差异，以及一个人的生理功能特质在不同时空状态下的差异。相对地，中医对前面提到的"天人若一"的道理，以及由此衍生出来的理论与方法的认识显得独到而高超，是更加精密的学术体系。

当孔子说"元者，善之长也"的时候，我们可以知道这四个范畴的理论地位是不平等的。"元"是老大，是元首、元帅，它的三个帮手就是"亨""利""贞"。"亨""利""贞"是一组对"元"的动态演变进行解释的理论概念，这四个理论概念在哲学上叫作逻辑范畴。关于什么的逻辑呢？就是关于关系的逻辑和价值的逻辑。下面我们来解释一下"亨""利""贞"。

2. 亨

"亨者，嘉之会也"，意思就是我们做事所需要的条件都聚集到位了，事情就变得可行了。我们可以组"亨通"这样的词，"亨"就是"通"的意思，它代表可行性和可行性的条件。比如修马路，马路就是到达目的地的"通"的条件。还有我们现在的金融、货币体系，也起亨通的作用。它以信用为基础聚集和调配各种各样的资源，来帮我们做事情，实现我们的愿望。我们国家前些年实施了一个大战略，通过高铁、高速公路把全国连成一个整体，这为后面的资源调动与国家整体发展奠定了非常好的、大通大达的基础。所有的生存和发展本质上都以亨通为基础，大通的人做大事业，叫"大亨"，小通的人过小日子，是"小康"。

3. 利

"利者，义之和也"。看看这个"利"的写法，"禾"代表粮食，旁边立着一把刀，表示收获的意思。"义之和"说的是什么呢？是古代大家分配食物，分配得很开心、很满意，这样就可以使一个族群健康、成长、壮大。中国古代发音相近的字，意思也比较相近。"义"和"宜"是相通的，反映的是适当性。事情做得合适不合适，没有什么特别的逻辑判断方法，就是一种直接的感受：心里面觉得舒适不舒适。

直觉能力属于智慧层面的能力。这里再讲一下哲学范畴的形成。哲学范畴是帮助我们进行逻辑判断的，它的产生依靠直接的感受，而不依靠逻辑——哲学范畴本身就是逻辑的基石。科学哲学的范畴（质、量、关系、模态）也是如此。这里容易有一个误区：是不是觉得舒服就一定是对的？事实上又不尽然。适当性是一个变化空间非常大、优化途径最为丰富的领域，也是我们进行价值创造时关注最多的一个领域。对于适当性，可以有不同层次、不同立场、不同水平的认识。如果用一个比较规范的学理体系来解释的话，它的解释权归属于"元""亨""贞"三个价值逻辑范畴。打一个比方，一群劫匪的老大很有义气，内部分赃能分得大家都很开心，对小弟的功过赏罚清晰无误。在他的小圈子里，老大说话行得通，这就是"亨"；大家气氛很融洽，这就是"利"；大家有决心一直跟他干，这就是"贞"。但是，从"元"的整体性立场看，虽然这帮劫匪做的事情在他们团体内部这个"元"的范围内是令人舒适的，可放在更大的"元"的范围——社会环境层面来看，他们能为自己创造一个接纳他们的环境吗（亨）？会让生存环境更好，让生存环境中的其他人舒适吗（利）？他们最终的结果又会是怎样的呢（贞）？实际上我们在社会上看不到靠打劫能长久发达的人。

4. 贞

我们再看看"贞"这个范畴，孔子说"贞者，事之干也"。历史上的很多文人学者对于"贞"这个字有很多不同的猜测与解读。有的望文生义解释为动词"干事情"，也有的根据字形解释为"占卜"，但是这些解释都与逻辑无关。我们现在对"贞"组词，常见的有坚贞不屈、贞德、忠贞、贞洁，这些词都代表坚固不变的意思。那么，坚固不变与"事之干"是如何联系在一起的呢？我国的中原地区地处温带，到了冬天万物凋零，依旧站在地上的只有光秃秃的树干。这些树干有什么特点？看上去毫无生机，却不是死的。一到春天，新芽就长出来了。树干的"干"，代表了事物的可持续性因素。

我们通过这样来解释"元亨利贞"这四个范畴的内涵，可以完整地看到它们作为价值判断的逻辑机能。翻开《周易》，每一个卦象关于吉凶悔吝的判断都是通过"元亨利贞"来决定的，"元亨利贞"是贯穿于《周易》所有判断的方法论体系。这个方法论体系至关重要，相当于一把能开启宝箱的钥匙，它被我们的祖先放在了《周易》最重要、最显眼的位置。可以说，它就是入道之门。

五、价值形式辩证逻辑原理

我们所有人在生活中进行价值选择时实际上是有逻辑的。就算日常里人们说的"瞎混",实际上也不是真的全瞎,里面依然有"混"的逻辑。这个逻辑所反映的是我们进行选择的过程中所充满的各种各样的理由——否则就称不上是选择。选择的本质,就是指那些我们进行价值判断后所采取的行动,不管这个选择是否高明,都有它背后的逻辑。

1. 价值判断的形式逻辑原则

我们进行价值判断,实际上都是在"元亨利贞"这个价值判断的范畴中进行选择。每一种选择都有它的观察范围、可行性判断、适当性判断和可持续性判断的基本结构。由于人们选择视野上的高低差别,在观察范围(元)和其他判断(包括亨、利、贞)方面,有的人深远,有的人浅薄;有的人会更细致,有的人比较粗糙。但是不管进行价值选择的人有没有考虑周全,价值判断的四个方面的作用都是不可回避地存在的。因为在价值逻辑的判断原则中,"元亨利贞"四个要素缺一,则这种价值关系将不可能存在,这是一个不以人的意志为转移的基本原理。所以"元亨利贞"作为价值判断的完备的形式原则,应该被作为一个整体来进行思考和运用。尽管历史上可能有很多"百姓日用而不知"的情况,但并不意味着"不知道"就可以逃脱价值逻辑的约束,因为所有的"考虑不周",都会有它的后果。

价值判断的"元亨利贞"构成了价值判断的逻辑形式,把它们作为整体进行应用,就是价值判断的形式逻辑原则。具体如表 4-1 所示。

表 4-1　价值关系的形式逻辑

关系范畴	关系范畴间的关联定义
元	整体的可行性、整体的适当性、整体的可持续性
亨	可行性的整体性、可行性的适当性、可行性的可持续性
利	适当性的整体性、适当性的可行性、适当性的可持续性
贞	可持续性的整体性、可持续性的可行性、可持续性的适当性

2. 价值判断的辩证逻辑原理

作为形式辩证逻辑原理的一个表述，"元亨利贞"在实际发生的关系中的整体性存在，构成分析与综合的统一，于是形成了这一逻辑的辩证特性。"元亨利贞"彼此定义、互相推演和影响。相关关系的存在形式有的明显，也有的暂时不明显，并存在可以选择的变化空间。如表4-2所示，"元亨利贞"不同关系侧面之间也可以相互转化，四个范畴构成一个整体遵循辩证逻辑的内在原则。

表 4-2　价值关系的辩证逻辑

关系范畴	关系范畴之间的转化
元	元→亨：通过整体性可以获得可行性 元→利：通过整体性可以获得适当性 元→贞：通过整体性可以获得可持续性
亨	亨→元：通过可行性可以获得整体性 亨→利：通过可行性可以获得适当性 亨→贞：通过可行性可以获得可持续性
利	利→元：通过适当性可以获得整体性 利→亨：通过适当性可以获得可行性 利→贞：通过适当性可以获得可持续性
贞	贞→元：通过可持续性可以获得整体性 贞→亨：通过可持续性可以获得可行性 贞→利：通过可持续性可以获得适当性

价值逻辑要素之间相互转化的途径非常多，具体的案例时时处处都在发生。比如：生意场上陌生人之间经常会互相递烟，或者为了熟络关系互相请客，以获得了解、合作的机会；店家为了与客户建立良好的关系，也经常会让利于客户；等等。

中国抗日战争的早期，我方的军事实力与军事准备都远不及日方，部分军民因此产生了悲观情绪。而根据毛泽东《论持久战》的对日战略，中国共产党坚持全民抗战的政治立场，争取国共合作抗日，逐渐壮大了自身的军事力量与政治影响力——这是通过"元"的价值范畴来获得"亨"价值范畴的拓展。而日方因为开辟了太平洋战场，将美国拉入第二次世界大战，使得日方的军事实力在战略全局中落入下风——这是在"元"层面进行了错误的战略选择。中国人民经过十四年抗战，最终赢得了胜利——这就是由"贞"向"亨"的转化。

"元亨利贞"作为一个整体，构成了辩证逻辑的一种"纯形式"。所谓"纯形式"，是指这样一种逻辑形式可以接纳一切经验世界（即被我们感受到的世界）的对象，而其本身不属于任何经验。"元亨利贞"分别代表了价值范畴的不同维度，这些维度之间彼此连接、彼此定义、彼此促进、彼此影响，从而构成一个整体性与解析性同时存在的逻辑范畴。这个逻辑范畴已经无法用其他任何一种逻辑来进行证明，只能产生于直观的整体性判断。我们无法解释为什么价值判断的逻辑是这样一种构成，我们只知道我们生活中的价值判断是存在于这样一个范畴中的。我们之所以把它称为"原理"，是因为我们没有找到一个能够比"原理"更加清楚地表达它决定性地位的概念。我们在科学世界中所发现的一切科学原理，之所以可以作为原理被接受，都是因为它们通过了"元亨利贞"价值逻辑范畴的考验。尽管"元亨利贞"在它们的应用中，是作为一种不为科学家们所自觉的判断之原则，但并不意味着"元亨利贞"可以被违背。正如其他的一切原理不能被违背一样，"元亨利贞"作为价值判断的基本原理也不可能被违背。所有违背这一判断原则的命题，都不可能被纳入"原理"或者"规律"的范围。

六、价值分析的方法论

1. 价值分析的概念

价值分析是基于人的需求，对事物整体特性进行全面观察、记录和描述，认知事物对象的各个特性分支及其相互之间的关联关系，并对它们的发展变化进行整体认识和抉择的活动。

价值分析工作的目标具体可以包括价值探索、价值判断、价值抉择、价值实现以及价值守护与存续等不同的方面。其应用领域包括自然科学与实践、社会科学与实践等与人类需求相关的所有研究和实践领域。基于德学原理的价值判断的意义在于实践理性，它的具体作用反映在价值活动中对时机的把握和对行为方向的选择上，其因果关系受到价值逻辑的制约。对于这个领域的能力的把握，属于人类"智慧"的成长空间。

2. 价值范畴解释和时空结合模型

"元亨利贞"是《周易》中一组将事实特征和价值抉择连接为一个整体进行表达的抽象范畴，其中包含了时间、空间、周期性、事物运动特征关系等多方面的内涵。它是将事物特征描述和价值选择路径合二为一的整体表达模式，是对事物价值关系存在与变化的内在原则的一种归纳性表述。

"元亨利贞"构成了事物的生存发展周期和时空结合模型，是接纳了变化及其规律的哲学范畴，因此能够适应充满变化的价值世界的分析和判断的需求，从而产生大量中华文明的独特创造。比如中医学、预测学以及军事学都是面向"成物之功"的，属于"时空合一"的学理体系。这些学理体系服从于德学的价值逻辑范畴，而非科学哲学的认知理性学理体系的逻辑范畴。所以，对于这些领域的学术，科学哲学的逻辑范畴不具有逻辑解释能力。

3. 价值分析的辩证逻辑方法和整体性原则

（1）定性判断的逻辑原则。与人类需求相关的客观事物的价值判断必然包含四个方面：关联关系空间（元）、可行性关系特质（亨）、适当性关系特质（利）、可持续性关系特质（贞）。这是任何一种实际存在的关系本身必然同时具备的"作为存在的特征范畴"，是对事实关系进行认知以及价值判断的"先天原则"。在这个先天原则中，价值的每一个分支都不是独立存在的个体，而是整体的一个侧面，价值的分析与综合是同时存在的。

价值范畴所包含的辩证逻辑方法，对应事物本身存在与演化的内在原则，相应地有它自身的应用原则。这个原则称为价值分析的整体性原则：价值分析起步于对人类活动出发点和关联关系空间的整体观察，终结于对价值范畴之四维存在状态的整体归纳和评价。这个原则对应于事物存在的内在原则以及人类价值分析必须依据的基本原理：缺少价值范畴四维完整特质的关系事实是不存在的。价值分析中关于四个相关范畴的描述与判断的完备性，构成了价值分析与抉择的必要前提。

（2）定量判断与定性判断的价值逻辑关系。价值分析的定性研究与定量研究分属于决策研究的不同阶段。

价值分析的定性研究是依据价值分析的整体性原则，对事物价值范畴的各个方面进行全面认识和抉择的研究。价值分析的定量研究是以客观世界的有限性为基础，从适切性侧面对观察对象所涉及的数量关系进行认识和抉择的研究。定量研究聚焦"量的测度的适当性"，定性研究

37

则具有关于信息整体应用的决定权。此二者的关系是在决策的顶层设计中值得关注的一项学理,对于决策程序的设计与应用可以产生重大影响。

4. 价值分析方法与实证主义方法的关系和区别

(1) 推理方式的关系和区别。价值分析方法采用的推理空间属于"关系"的先验范畴(元、亨、利、贞),并遵循整体性原则。它以种属分类为推理基础,推理形式遵循辩证逻辑方法分析与综合统一的原则。

实证主义方法以康德提出的认知先验范畴(质、量、关系、模态)为基础,属于先验逻辑在认知领域针对具有明确边界特征之物质对象的研究方法分支,适用于具有一定边界稳定性的物理世界的观察领域。实证主义方法采用的推理遵循事物同一性原则,以概念界定为推理基础,发生形式遵循形式逻辑的三段论模式。

三段论推理是演绎推理中的一种简单推理判断,是演绎推理中的一种思维形式,是科学性思维方法之一。它包括:一个一般性的原则(大前提),一个附属于前面大前提的特殊化陈述(小前提),以及由此引申出的特殊化陈述符合一般性原则的结论。例如,蔬菜是植物(大前提),萝卜是蔬菜(小前提),由此得出萝卜是植物。三段论推理原则显然不是人类唯一的逻辑形式,所有判断"是什么"的逻辑体系,都无法得出"应该怎么办"的结论。

实证主义方法领域构成了价值分析的背景因素,为价值分析提供了相对稳定的"认知理性"支撑条件。但它仅仅构成了价值判断的必要条件而非充分条件。

(2) 关注领域的关系和区别。价值分析方法所关注的是变化的整体关系空间,实证主义方法所关注的是被分离的具有相对稳定性的局部现象;价值分析方法所关注的是发展中的差异性和可能性,实证主义方法追问的是存在的一致性与必然性；价值分析方法关注的是一种关系如何能够存在及存在多久，实证主义方法关注的是永恒的关系或暂时存在的关系状态的描述；从时间区域区分，实证主义方法所能够论证的是过去和现在的状态，而价值分析方法则需要面对从现在到未来的发展抉择。

七、价值形式辩证逻辑原理下的基本结论

在人类的价值实践和道德实践中，曾经出现过无数的箴言。它们的哲学根源如果用价值形式辩证逻辑原理进行识别，也许都可以来自以下从价值形式辩证逻辑原理得到的基本结论。

1. 没有无因之果

如同生物圈的多样性，因果关系的发生形式也是纷繁复杂的。如果我们仅仅用科学哲学的认知理性去探讨因果关系，会发现有很多因果关系难以用科学方法解释。科学哲学的认知理性是建立在经验逻辑基础之上的。所谓经验逻辑，是指科学的研究对象必须是看得见、摸得着的，而且要一再看得见、摸得着。科学研究是如何定义自己的呢？那些其结论可以根据实际经验被否定（可证伪）的领域的研究，叫作科学研究。所以，科学研究针对的是那些我们通过五官可以明显观察的对象——这个层面的因果连接，在所有的因果连接当中只占很小的一部分。

实际上，事物关系的连接往往是非常丰富而又不可见的，只有它呈现某些特殊的现象时，才引导我们对它背后的因果关系进行观察。日本科学家江本胜用水做实验，发现不同的语言对水结晶有不同的影响。虽然有些人质疑他的研究，但是一句赞美的话和一句否定的话可以产生于相同的能量，作用却不会一样，这是非常显著的宏观现象。后来笔者身边有很多人用食品、植物等做类似的实验，也可以发现不同的语言会产生不同的结果。从"关系"立场研究，就比仅仅采用能量或者频率（数量立场）的观察深了一层。

这里要说的是，因果律是一种普遍存在的刚性的规律，但不一定是以三段论的因果形式出现，而是有其更为深广的逻辑法则，并且这套法则是可以说得清楚的。所有事物的发生，都是因果链上的一个环节，因果律是价值判断和决策的一个不可忽视的关键视角。但由于关系不可见，因此往往导致人们以为关系所影响的因果连接也不存在，这是最为常见的一个误区。

2. 因果关系以价值形式辩证逻辑的链条相互连接

当我们观察因果逻辑的时候，关系的逻辑是比科学所依据的三段论的逻辑更为深广的逻辑。科学逻辑归属于关系的逻辑，是一种相对简约和粗糙的逻辑。因为这种逻辑不能对具有特殊性的关系建立解释结构，只能对一些不需要考虑时间影响的因果关系建立理解方式。

真实的世界，是时间和空间作为一个整体不断地流动和变化着的世界，"元亨利贞"恰恰是一个时空合一的逻辑形式。每一个时刻的世界，都是一个"元"，这个"元"是变化的，其中包含着一切的先天因素、客观规律以及当时的关系状态。观察这种变化及其原因则是通过"亨""利""贞"三个关系维度，它们反映了"元"的前后时空关系状态、功能状态和流变的因果链接。

3. 因果链如同河流，人们不可能两次踏入同一条河流

古希腊哲学家赫拉克利特曾言："人不能两次踏进同一条河流。"因果链本质上就是关系连接的链条，也是流变的。正如地球本身就在不断地自转和公转，一切表面看上去静止的东西，也不得不随之演变，其中任何相互连接的关系都不可能停驻于原位。我们每个人都处于流变的关系之中。从整体的关系连接来看，每一种特定的关系状态都不会发生第二次。

4. 价值产生于从来不曾间断的因果链条，每一种价值只属于独一无二的因果链条，每一个因果链条连接着更大的因果链条

关于价值的这个判断来自"价值属于关系范畴"这一个基本的哲学判断。因为有关系，所以才要关心价值问题，离开关系则没有价值可言。由于关系的流变性特质，价值也随着关系连接的变化而变化。如同河流有支流和干流，关系的连接也有类似的流变网络形态。

5. 价值范畴是人类选择之自由发生在其中的范畴，人们遭遇的差异不是产生于是否违背了自然规律，而是产生于价值选择

价值关系的四个范畴"元亨利贞"是可以通过人的选择进行改变的。因为有选择，所以会产生关系链条变化的差异。自然规律是自然界的一些稳定的运动关系，被称为规律的关系是恒定不变的，也不可能被违背——比如说最普遍被认知的"作用力等于反作用力"。从这个意义上来说，没有人曾经违背过任何自然规律，不管人们是不是认识它，自然规律对每一个人的作用都是完全平等的。所以，不平等并非产生于人与自然规律的关系，而是产生于围绕"元亨利贞"的选择的差异。

所有的人在财富、能力、环境等方面生而不平等，但是所有的人具有选择关系发展状态的自由，也就是创造价值的自由，这些创造的基本途径就在于关系质量的改善。

6. 在价值抉择的实践理性层面不承认时间和空间独立存在的假设。对于具体价值的实现而言，时空结合的"时机"是最终决定因素

在现代科学体系中，时间与空间关系的连接是没有被充分认识的。虽然爱因斯坦的相对论已经把时间和空间作为一个整体来看，但是我们是否了解相对论的立足点，对于我们的日常价值选择并没有什么太大的影响。然而在日常生活中，几乎每一个人都可以体验到时间对各种各样事物的价值的影响。

当我们关注某些价值实践时,"时机"对于具体的价值实践而言是一个关键因素。所谓"时机",是指那些在"元亨利贞"四个价值范畴方面得到比较好的满足的时间点。"时机"往往是不可重复的,所以它们通常也不可能成为科学体系研究的对象,但对实践至关重要。

7. 价值关系是时间与关系空间的具体结合,永远具有特殊性

我们每一个人时刻都处在独一无二的时空连接之中,一旦过去,同样的连接就不会再次发生。价值是人类活动特有的一个概念,是对于某个时间点有关特定主体的功能概念的理解。换句话说,每一种价值都是有非常具体的主人的,产生于每个人在具体关系空间的特殊处境和状况。这些处境和状况严格来说都是特殊的、不可重复的。它与主观感受有关,也与客观现实有关,但是没有不同主体间的可替代性。

摄入我瞳孔的光,永远不会摄入你的瞳孔。他人不可能感受你的感受,所有人在这一点上是一样的。从感受到语言,又可能产生更多的差异性。维特根斯坦在语言哲学方面的探索发现,人类几乎所有的误解都来自对于语言的不同认识,他甚至认为这是一个无法解决的问题。那么进一步来说,人类有没有可能和谐相处?这取决于我们在不同的理解之中存不存在一种和谐相处的可能,以及为了这样一种和谐相处应该遵循怎样的原则。

人与人之间可以互相理解,确实是一件非常神奇的事情,因为它来源于人类觉受系统的价值逻辑有着同样的结构。这个结构就是"元亨利贞"所规定的价值逻辑的运行模式,甚至连动植物也不例外。在中国传统文化当中,对这些问题都曾出现过非常明确的答案,比如孔子曾言"毋意、毋必、毋固、毋我",这个告诫甚至比"己所不欲,勿施于人"更加高明,更加具有广泛的适应性。这也是"谦德"普受赞扬的一个原因。

8. 关系源头的价值特征（关系基因）将影响结果的价值特征，缺损的因不会产生完美的果

从全局的立场来观察事物，是东西方共有的哲学出发点。全局观是定性判断的根本性原则，所以孔子说的"元者，善之长也"，是说这个判断在价值观察中具有决定性的地位。如果用比喻的方式来讲"元"的概念，它就好比一粒种子，"种瓜得瓜，种豆得豆"。我们的视野要更加广大才能真正理解"元"的概念，"元"是我们与整个世界建立连接的总和。每一刹那都是一个"元"，每一个"元"所包含的关系结构将影响到它所结出的果实。"善有善报，恶有恶报"是无可回避的。

"元"是整体，是变化的，是人类可以参与改变的。如果我们能够很好地运用价值逻辑来改善各种不适当的关系状态，就能够建设共同的美好未来。虽然人与人之间对于世界的感受是不同的，但美好的发展方向服从于共同的价值逻辑。

八、德学学理体系的学理地位和方法论意义

中国哲学作为实践理性哲学体系，其学理高度体现在其不仅具有直接面向实践的独特性，而且涵盖了科学哲学的所有领域，是更加通用的学理体系。与现有的科学哲学体系相比，其具有多种独特和优越的学理特性。

1. 中国哲学是学理逻辑完备的实践理性学理体系

中国哲学属于实践理性学理体系，与成就于西方的科学哲学体系之间不仅存在哲学学理层面的差异、学术识别空间的差异，也存在解决问题领域的应用空间的差异。

中国哲学的实践理性体现在起源、逻辑视角、关注重点和视野高度等多个方面。中国哲学思想的文字形式起源于《周易》，自诞生起便直

接作为古代先民认识和解决各种实践问题的思考工具。《周易》以"元亨利贞"四个基本范畴概括出关于"应然"的实践理性逻辑机理，是最早传达如何把握时机进行判断和选择的经典。《周易》学理体系也在中华文明中成就了很多精致的理论与实践成果。相比中国哲学而言，西方科学哲学体系属于认知理性学理体系，缺少对富于变化的复杂动态系统的适应性。由于认知过程也是人类实践的一部分，所以实践理性学理体系能够涵盖认知理性学理体系。因此，中西方哲学存在哲学学理层面、学术识别空间和解决问题领域的应用空间的差异。

中国哲学的逻辑观察视角从"关系"出发，对"关系"这一概念的理解具有独到性。对价值的判断和把握能力的增进，正是人类实践智慧的进化。而中国"价值哲学"是蕴含在中国独特发展实践道路中的思想精华，是将马克思主义哲学中国化的深层理论背景。此外，中国哲学具有面向未来的实践理性高度。实践理性适用于人类对未来发展空间的判断，以及对改造世界的路径的选择。其中包含了向哪里去和如何选择道路的哲学路径。这是现有的西方哲学无法向人类提供的哲学内涵。

2. 中国哲学发展出了对于"关系"范畴内在逻辑的独有的高度认识

中国哲学从"关系"范畴的视角，提供了将时间和空间进行统一的哲学的"纯形式"，它构成了中华文明"天人一体"的哲学解释以及道德人生的修养途径。

中国文化对"关系"的认识深度区别于世界上的其他文化，这体现在中国哲学对"关系"的"时间性"与"空间性"的见解上。"关系"的"时空性"是实践中判断和选择的关键要素，在实践中主要表现为人们对"时机"的把握。此外，"关系"包含着接纳物质空间并高于物质空间的逻辑形式，不仅能涵盖物质世界的逻辑形式，还连接人类之间的精神活动并与世界相连通。

从实践理性层面来说，时间和空间是作为一个整体存在的。单独剥离时间或空间的讨论在实践层面上具有局限性。

3. 中国哲学独具逻辑结构完备的定性分析理论形式

中国哲学解决了科学方法论研究中定性分析方法"缺席"的问题。中国哲学实践理性的逻辑构成，是世界哲学史上罕见的具有逻辑完备性的定性分析理论形式。

自康德提出人类的"实践理性问题"以来，西方哲学对于"价值"的哲学研究一直没有达到逻辑完备的层面。马克思哲学与中国哲学的实践理性有共通之处，但由于整个西方哲学的基因缺陷，马克思对于"价值"逻辑空间的观察研究仍不完整，因此马克思主义须与中国的具体实践相结合——这是马克思主义在中国持续取得实践成果的前提。中国哲学则以明确的哲学形式指明何为完备的价值逻辑。价值形式辩证逻辑原理不仅能作为方法论工具，提供一条具有缜密逻辑视野的定性分析路径，也能够为其他理论和工具的运用提供具有整体视野的审视之方法。

4. 中国哲学拥有接纳科学哲学又高于科学哲学的理论分析视野

中国哲学的逻辑范畴接纳科学哲学的一切理论与实践成果，并高于科学哲学的理论分析视野。价值形式辩证逻辑原理对于一切自然现象和人类活动都具有接纳性和解释性。这一原理的作用区域横跨了自然科学和人文科学的各个领域，具有将宏观观察和微观分析方法结合为一体的方法论意义。

价值形式辩证逻辑原理的接纳性和解释性之所以具有如此高度，是因为这个哲学体系对于关系范畴的逻辑空间、逻辑形式具有动态整体性的深刻的观察和思考，拥有逻辑范畴完备的时间和空间相互结合的哲学形式。该原理具有对人类关系的完备的逻辑诠释层次和价值定位方法，是无所不接纳的、具有识别和权变之完整视野的"大学之道"。价值形式辩证逻辑原理也是一个完整而包容的逻辑系统，中西方各种层面或角度的价值理论以及逻辑应用边界，都能够在其中得到相应的定位。该原理能够用以贯通东西方诸子百家的思想，是中华民族几千年来用以形成各领域丰富成果的"背景原理"。

价值形式辩证逻辑原理构建了整体性的价值辩证观察形式。"元亨利贞"四个范畴对应事物之"价值关系"内在必然性法则，无论是宏观还是微观层面，能够适应任何观察对象以达到"关系"本质的分析层面。

5. 中国哲学拥有统领诸学科的"第一性原理"的逻辑表达形式

正如"关系"范畴存在于人类关注的诸系统中，作为关系表述的价值形式辩证逻辑原理同样涉及并约束人类关注的诸系统。人类所发现的各种规律和原理，彼此之间不能进行是与非的判断，但是它们都必须经过"元亨利贞"的检验才能够获得成立与否的定位，所以可以认为"元亨利贞"是诸系统的原理之母。中国哲学的价值形式辩证逻辑原理，在诸学科中具有不可回避的"第一性原理"的学理地位。

因此，价值形式辩证逻辑方法能够应用于自然科学、社会科学等与人类需求相关的所有实践研究领域。自然科学和人文科学的各个领域的命题，只有经过"元亨利贞"的检验与定位，它们的存在价值才得以成立。

6. 中国哲学的价值形式辩证逻辑原理是否定西方"事实价值两分法"哲学教条的有效理论形式

中国哲学的价值形式辩证逻辑原理，是西方社会政治经济理论背后"事实价值两分法"哲学教条的有效理论否定形式。它解决了西方哲学两百多年来一直困扰人们的价值哲学基础问题，是医治西方学术中"事实与价值分离"理论弊病的一剂良药。

康德之前及以后的西方哲学，由于受到经验主义哲学源流的影响，始终无法提出关于事实与价值判断如何连接的哲学形式。在西方科学哲学的视域下，关于"正确的道德为什么是正确的"这一问题，一直是无法回答的。而价值判断的逻辑空间的复杂性，则使西方学术界意识到在事实与价值判断之间存在的逻辑鸿沟，从而制定了"事实价值两分法"哲学教条。这一教条在西方政治经济领域是一条恪守的原则，它把事实与价值彻底打成两节，坚持将科学研究与价值判断予以割裂，导致一系列学术与社会发展需求之间的断层。相关现象在经济学、管理学领域尤其常见。这也是中国自改革开放以来引入的西方经济与管理理论"水土不服"的原因。

从中华文化"与天合德"的哲学观和治世观可以看出，客观物质现象与人类价值抉择自古以来便存在密不可分的关系，这种认知是医治西方"事实与价值分离"理论弊病的一剂良药，也有可能为人类带来全新的实践路径。

价值形式辩证逻辑原理首次以"关系存在的基本范畴"给出这种"事实价值关联"洞察的逻辑表述形式。价值逻辑分析遵从整体性原则，从人类实践活动与关联关系空间的整体观察出发，归纳于价值范畴的四维存在状态。中国哲学价值范畴所覆盖的范围和层次是完备的，对事实与价值的关照是完整统一的，因而能够作为价值分析和选择的判断依据。这是人类活动必须依据的基本原理。

7. 中国哲学是拥有"止于至善"的实践理性方法论的哲学形式

中国哲学拥有"止于至善"的实践理性方法论。中国哲学的实践理性原理，具有将宏观观察和微观分析方法结合为一体的方法论意义。"至善"是一个建立于价值关系逻辑基础的关于"完美关系状态"的哲学概念。它的应用历史展现出精密深广的辩证思维和运动发展观念，它不是任何一种教条主义的公式或者静态的经验。这个哲学体系也包含了朝向"至善"的行动的逻辑空间和道路识别路径，能够帮助我们识别与把握动态关系的变化与发展。

中国哲学的实践理性原理，是我们认识、守护、推进中华文明建设与发展的良好理论工具。不仅可以为中国道路、中国理论、中国特色社会主义建设提供有效的关于行动、诠释、分析、设计、预见的思维路径，而且可以帮助我们认识世界各种历史文明的精华与特点，诠释人类和谐共存的逻辑空间、实践道路。中国哲学既包含个人道德修养的原理和路径，也包含宏观发展的原理和路径。中国哲学的实践理性与普遍适用性有可能为实现全世界"共通共享"的价值沟通提供逻辑桥梁，为构建人类命运共同体贡献中国智慧与方案。

8. 中国哲学的价值形式辩证逻辑具有作为管理学学理基础的意义

管理的概念出现得很晚，但人类的管理行为出现得很早。人类之所以要进行管理，是为了实现某种价值追求。如果不是为了价值的实现，就没有什么需要管理的事情了。所以究其本质而言，价值判断是管理行为和管理学教育的唯一精要。

很可惜，从管理学诞生至现在的一百多年来，我们的管理学教科书中都没有出现过价值判断的逻辑与方法。这里面的原因大致可以概括为两个方面。其一，我们的祖先虽然提出了"元亨利贞"这样的价值判断的基本逻辑范畴，并在经典中把它们放在了极其重要的位置，但是并没有为它们提供足够的解释。而后世的学者对它们的猜测，也没有达到逻辑完备的地步。这可以说是文化传承当中的一个遗憾，我们今天不妨把这个遗憾弥补起来。其二，由于管理科学是在西方科学哲学统治的环境中成长起来的，管理科学没有找到它自己得以安身的学理基础——管理科学所有的理论都来自其他学科，如经济学、心理学、工程学等。这导致学习管理学的人，不论达到哪一个层级的学位，都难以在实际的管理环境中来施展才能。同时，各个学科领域的学者专家反倒有可能成为一个实际环境中成功的管理者。其中的原因在于：所有领域管理的成功，本质上都服从于价值形式辩证逻辑原理。价值形式辩证逻辑原理，是贯穿一切自然世界和人类活动领域的顶层原理。

价值形式辩证逻辑是关系的逻辑，也是功能的逻辑，是中国哲学的核心学理所在，是道德判断与道德守护的基本原则，是决定人类活动之因果律的"第一性原理"的"纯形式"，也是"止于至善"之理论的"纯形式"。在这个原理成为"显学"之前，它一直是以隐含的方式支配这个世界的运行，使高明者得其高明，平庸者得其平庸，陋劣者得其陋劣。

第五章
管理学方法论的德学内涵

一、管理学性质争论的起因与基本问题

关于管理学科的性质曾经有过很多讨论。管理活动包含了科学、技术、艺术、哲学等多方面的内涵。但是目前的管理学主流还是把这门学科当作一门"科学"来看。在科学发展史中，有一个著名的"科学的价值中立"的基本命题。意思是说，科学研究中不得将人类的价值倾向带入其中，这样才能保证科学探索和知识创造的客观性。这种科学探索立场，的确有其成立的理由。

但是，管理本质上是人类的价值追求行为，离开价值追求，就没有了管理的必要。德国著名的社会思想家马克斯·韦伯，在他的名著《社会科学方法论》中明确指出，当我们开始进入价值问题的讨论时，科学就应该退场。因为科学哲学的逻辑基础和方法论原则，对于应该做什么和应该怎么做的"价值"问题，并没有直接的逻辑指导意义。"管理科学"在面向管理实践需求时，不得不面对"存在意义"的质疑。

孔茨（Koontz）所接受的管理科学观认为，科学是对经验的总结，是由感性认识上升到理性认识的必然结果。因为管理学是对管理实践经验的总结，它必然是理性知识、科学知识。然而，科学知识表现为一套语言性的命题系统和知识体系，目前的管理学中，并没有找到一个命题可以作为管理学大厦本身拥有的不可动摇的基石。

经验主义学派的戴尔（Dale）等学者否认管理学是科学。因为管理形态比自然现象复杂，超越了科学技术进行准确描述的能力范围。经验主义学者认为，科学知识是对客观实在的全面准确的反映，它的成熟以数学、物理的精确描述为标志。管理学研究对象的特点，使得管理学不可能成为科学。这些观点被坚持管理学是科学的学者优雅地纳入表象主义学派，所谓表象即非实质，绕着弯否定其对现实的判断。但是他们也说不出所谓的实质是什么。

理论只有与现实相应，才能够显示出它作为理论的价值。各种多如丛林的管理理论如果只具备有限的解释力，那么至少说明在它们之上，还应该有某种具备更宽泛的容纳力与解释力的理论，来解释这些理论存在的理由。这是本书希望介绍给读者的，来自中华文明的德学视野。

二、管理本质的学理抉择

1. 一切未曾离开本质

"什么是管理？"与"管理是什么？"这是两个有着天壤之别的问题。

对于管理是什么、管理学科的性质是什么这两个问题的探讨，是解决管理学科总体方法论问题的出发点。在展开讨论之前，笔者用一个禅宗公案来对这个问题做个引子。中国禅宗有一位洞山禅师，因为早期不能理解佛教《心经》中"无眼耳鼻舌身意"这句话的含义，所以长期参访。有一天，他在水渠边洗脸时，看到水中自己五官的倒影，忽然大彻大悟，写了一首偈子流传后世："切忌从他觅，迢迢与我疏，我今独自往，处处得逢渠。渠今正是我，我今不是渠，应须恁么会，方得契如如。"洞山禅师的偈语，表明了他对现象与本质的关系的领悟：外面千山万水，无穷尽的现象及其变化，都不是我们所寻求的本质。而我们每个人在自己的情境中，时时都会遇到本质之理所演示的现象。这些现象脱离不开事物本质的道理，而本质的道理却不应该被理解为这些具体的现象。这么去理解理论与实践的关系，才能够适切地做到知行合一。

老子说："道也者，不可须臾离也，可离非道也。"这告诉我们所谓的本质，一刻不离地伴随着我们，如果它能够与我们分离，它就不是本质。所以，我们寻找的实质必定时时存在于我们日常的管理研究与实践中。这个道理在我们真正实证确认之前，与其说是真理，还不如说是信仰。

2. 管理的本质在于价值活动

这是因为管理是涉及人类欲求的思想与行为，"价值"本质上来源于人类的需求。如果我们用面向人类需求的本质特征为管理下一个定义，那么就可以说："管理是人类有意识的价值活动。"就管理实践的共同取向来看，这样一个定义是更具有实质性的表达。价值存在于关系之中，有它存在、发展的逻辑。价值逻辑可能为经营探索带来不同的视角与洞察力，更加有益于把我们从追求有限发展空间的"内卷"中解放出来。

价值活动包含了价值判断、价值抉择、价值守护、价值创造与达成等一系列的活动。任何一种具体的管理经营活动，都可以被看作是与特定价值相关的。即便是对物理世界科学技术的探索，也离不开价值关系发现的本质。不仅技术创造离不开管理的价值追求本质；科学探索中的所有活动与成果，也正是基于物理世界"关系"的判断而拥有其地位。管理与其他探索活动具有内在一致性的特征在于，一切的价值发现与创造，都来源于"关系"的发现与安排。这也正是各门学科实际在做的事情。所有自然科学的发现成为科学探索的成果乃至工具，并不构成科学活动的实质。管理学与其他一切学科一样，可以将科学的结果作为工具。只要了解价值关系的逻辑构成，我们不难了解价值判断实质性地贯穿于人类的一切探索与发现。

3. 管理的价值使命

对于每个具体的人而言，经营管理面临的价值活动范围广大、问题多而复杂。从自身的健康发展，到家庭关系以及事业环境，时时事事都面临抉择的需要。下面我们就管理学与人类价值追求的关系，提出一些不同于西方管理学传统的看法。

（1）管理学是面向价值发现、价值判断、价值抉择、价值实现、价值存续的学科。

价值发现、价值判断、价值抉择、价值实现以及价值存续，是管理学研究的出发点、路径以及归宿。价值作为极具复杂性的哲学范畴，历经千年都是世界哲学领域的难点，也是导致西方哲学思想混乱的根源。直到各种管理思想和工具多到泛滥的现代社会，关于价值的判断还没有形成完整成熟的方法论。这也许是导致各种管理困境，即在多如丛林的工具加持下也难以生成判断力的根本原因。价值判断问题是最有难度的问题，同时它又是最有意义的问题。因为对于价值的认识，直接并持续地影响着人类的生存品质。

近一百年物理世界的科学进展，对于人类经济、文化起到了引领的作用。由对物理世界的观察而发展出的科学方法论，占据了几乎所有思想与学术舞台，以至于管理学如果不以"科学"自称，便难以拥有生存的合法理由。由此也带来了管理价值探索的诸多问题。物理世界的科学方法，是把现象孤立出来进行捕捉的。而作为归属于"关系"范畴的价值，本质上是不可以通过割裂"关系"来研究的。管理学对于物理世界科学研究方法论的路径依赖，使之在价值探索与研究中，不得不依赖于"科学"的简化方法而做出退让。这实际上是管理学对于自身本应守护的领域的失守。这也是管理学作为"幼稚期的学科"在成熟之前，不得不暂时寻求路径依赖产生的遗憾。

价值发现、价值判断、价值抉择、价值实现、价值存续，是管理理论与实践的本质任务，是真正需要以识别科学合理性的头脑与方法论进行探索的主题。单纯的数据带来的价值判断充满了需要深入辨析的迷雾，需要在对价值关系的认识中渐渐明朗。

（2）管理学需要面向实践而寻求知行合一，有着常学常新的探索空间。

中国明朝思想家王阳明创立了对东方文化产生深远影响的"心学"。

他提出的"知行合一"和"致良知"的心学理论，至今仍对知识阶层具有重要的影响力。但是他自己走过的路，却不是他人所能够模仿的。阳明先生所达到的知觉力和判断力，无法直接传授他的弟子们。事实上，我们也可以看到他身后的弟子们在明朝衰落的过程中，并没有表现出"知行合一"应有的抉择力。其中存在的问题之一是，虽然阳明先生试图为儒家理念接续命脉，把他从禅宗悟到的心法移植到对儒生的教育，但是他自己又反身去批判佛门"未破我执"，这就阻断了弟子们登堂入室的一条可能的路径。阳明心学存在的另外一个问题是，缺少"致良知"的理性路径的支持。"良知"何以称为"良"，就像"善"为什么可以称为"善"，道德为什么值得追求，阳明心学并没有做出解释。这让后来的学生们普遍感到缺少"入手的把柄"。

老子在《道德经》中说："前识者，道之华，而愚之始。"是说过去所发现和创造的知识，是道（自然法则）开出来的花朵，却又是后来者愚昧的开始。这与几十年来管理学界理论丛林日渐丰茂，而与实践领域的需求却渐行渐远的事实十分相应。这些现实或许说明以价值活动为中心的管理学学术，应该有一种具有活性的，能够接纳客观现实的方法论，来支持我们现实中的抉择，以完成"良知"在日新又新的现实中应有的使命。

（3）管理经营需要同时接纳认知理性和实践理性，面向未来。

有关管理经营的一切行为应该是面向未来的，因为它正在走向未来。没有面向未来的思考，也就没有了管理经营的意义。

有一种观点认为，在管理研究中应该坚持"实然"取向，选择面向事实进行研究。这种观点或多或少仍然是受到了物理世界的科学方法论的影响，多少有一点中国禅宗所忌讳的"着相"之嫌。因为目前一件事物存在的合理性，并不意味着它发展的合理性。属于自然科学的那一部分"规律",是亘古不变地、自动地发挥着作用的,其运行本身与人类认为它们有没有价值无关。但是一切规律如何应用,又都归属于价值逻辑范畴的管辖。管理学需要一套既能够对客观现实进行解释,也能对未来进行抉择的方法论。它的高度在于不仅要面对物理世界科学研究的事实,还要面对人类活动的价值,并帮助人类在主客关系中找到价值选择的路径。

三、现代管理理论的价值含义

管理学领域发展出来的各种管理工具和管理思想,已经构成了一个理论丛林。而这些理论的多样性,总体看来并不必然使这个领域的工作实践变得更为有效。近几十年来,管理理论研究与实践的脱节已经成为常态。其中一个也许有关键影响的原因是:近几十年我们引进的西方管理思想中,完全看不到关于管理的核心问题的回答——价值判断应该如何进行?

本章我们从价值逻辑的立场来观察各种管理工具和管理思想方法的意义,旨在引导读者从价值逻辑的视角把握一种更具有实践相关性的思想方法。历史上所有产生广泛影响力的管理工具和管理思想方法,都在一定程度上契合了价值逻辑的基本原则。对于价值逻辑及其原则的把握,有助于我们在各种变化的环境中有"道"可循,从而创造出适应各种环境的新的思想和方法。

1. 价值逻辑与全面质量管理

被企业普遍采用的全面质量管理(Total Quality Management)思想体系的开创者是美国的管理思想者戴明(Deming)。戴明在第二次世界大战期间观察到,武器生产过程当中出现的大量残次品不仅消耗资源,也造成效率、成本等方面的多种损失,从而产生了在生产的全流程当中进行质量管理的想法，进而形成了全员、全流程质量管理的思路。这个思路虽然很好，但是在美国却没有市场。因为第二次世界大战后，美国一度成为全球唯一的制造业大国。在战后的恢复阶段，全球的各种资源都处于稀缺状态，市场整体属于"卖方市场"，所以美国企业对于戴明的思想没有很大的兴趣。

20世纪60年代中期，进入工业化阶段的日本急需打开欧美市场，对产品质量的提升有很迫切的需求。于是，日本企业成为全面质量管理思想的首批实践者。全面质量管理形成了近代工业进化的一个非常重要的促进机制。仅仅用了十几年的时间，日本就成为仅次于美国的全球第二大制造业强国，并且在精密制造和电子产品方面一度领先全球，堪称"东亚奇迹"。

全面质量管理的运作程序分为计划P（Plan）、操作D（Do）、检验C（Check）、改进A（Action）四个环节，每一轮的行动会按程序进入下一阶段，实现PDCA的循环运作。这个体系被证明对于重复性生产过程是十分有效的。全面质量管理思想体系为什么会获得成功？我们可以从价值逻辑"元亨利贞"所包含的功能性质来识别这一思想的有效性何以能够达成。

全面质量管理涉及全过程、全体人员的质量管理参与，是站在从设计、采购、生产直到消费使用的全生命周期的系统视角来观察思考的，这就是"元"层面的整体性、全局性特征。全面质量管理的提出者戴明，因此在思想高度上超越了在他之前的经营者。计划P（Plan）是对生产目标可行性条件（亨）的规划，操作D（Do）是对计划的实施，检验C（Check）是对计划执行结果的适当性（利）的检验，改进A（Action）是对结果适当性（利）的改进。而不断地循环这一过程，则是全面质量管理中的另一个精华价值——可持续性（贞）的实现。由于这个过程构成了对于"功能逻辑范畴"的满足，所以全面质量管理成为一个具有典型意义的管理学方法论。

尽管如此，全面质量管理只是一个相对满足"元亨利贞"价值功能范畴的方法论模型，依然有它的局限性。这个系统需要稳定的环境，这样生产流程优化才比较容易达成。但是对于复杂系统的运行而言，全面质量管理的方法论则不足以面对其管理的困境。现代市场已经发展成为产品过剩的买方市场，科技创新成为现代市场的主要利润来源。创新涉及的知识复杂性和市场环境的多变，使得依赖稳定环境的 PDCA 不再是制造产业取胜的关键，而仅仅成为一种生存基础。

复杂环境中的现代企业管理又发展出种种新的管理工具。如关键绩效指标（Key Performance Index，KPI）和平衡计分卡（Balanced Score Card，BSC），都是目前被各类企业广泛使用的评价工具（这里的评价相当于 PDCA 流程中的 Check，是价值逻辑中的适当性判断）。它们的设计功能，实际上是全面质量管理思想在企业运营系统层面的延伸。KPI 将企业目标逐级分解，从管理流程中提炼可以产生优秀成果的个别关键因素，形成衡量工作完成情况的关键指标。KPI 的意义在于将综合信息丰富的企业愿景，转化为具体的、易于执行的量化指标（对应于复杂环境下管理可行性"亨"的提升）。而 BSC 进一步综合关照到了无形资产对企业财务成果产生的影响，相比于 KPI 加入了无形资产的经营，是管理在全局性视野（元）层面的提升。

管理工具的复杂化和考评体系的严密化，一方面提升了管理控制的可行性，另一方面也会带来活力和主动性的丧失。比如早期极具创造力的日本索尼公司的衰落，就与公司设置过多的考评指标有关。满足指标是相对容易的，而真正的创造性活力的发挥，需要的系统条件要复杂得多。

2. 价值判断方法论与现代经营战略分析工具

20世纪80年代初，美国哈佛大学教授迈克尔·波特（Michael Porter）提出了著名的战略分析"五力模型"，其后又有海因茨·韦里克（Heinz Weihrich）提出了"SWOT战略分析模型"，后续在这个领域的论著极多。相关理论在管理学界盛极一时，至今还是工商管理专业的学生用来写论文的重要工具之一。然而有讽刺意味的是，迈克尔·波特自己经营的咨询公司于2012年宣布破产。全球绝大多数企业的生存周期都是短暂的，我们在战略分析当中也无法找到保障企业可持续发展的因素。虽然从生物圈的多样性角度来看，企业有各种各样的寿命并不值得奇怪，但是就管理发展的立场而言，无视可持续性的管理思想显然是不完备的。

在现代多变的市场环境中，不断有企业倒闭似乎已经成为常态。但是如果要问如何能保持企业的长期生存，则在管理学领域完全找不到头绪。企业的生存需要很多条件，每一个企业的存在都要依赖于一些特殊的条件，比如特定的市场、特定的客户、特定的需求等。在一般情况下，不具备相应条件的情况才是常态。对于企业家而言，哪怕取得短暂的成功，也是一件不大容易的事情。企业破产或者中途失败的理由不胜枚举，可能因为个人身体、家庭、自然灾害、政治环境或者科技进步等原因失去原有市场。所以，企业经营能够甚至持续获得成功，所需要的条件可能是极为"苛刻"的。

从全局性来看，战略研究属于企业管理的"元"层面的研究，但只占其中非常小的一部分，对于保障企业的长期生存可以说是远远不够的。令人惊异的是，整个管理学界对于有关管理存在意义的根本问题——"管理者应该如何进行价值判断"少有追问。从本质上来说，所有的管理行为都是因为价值追求而发生的。管理学存在的意义是要对管理实践提供价值解释。就这一点而言,全球管理学术界的眼光似乎都远远落后于实践领域的企业经营者。管理学领域多数行之有效的理论方法以及具体做法,是由实践者提出来的。因为他们自身处于真实的价值活动之中。所有真实的价值活动都是具体而特殊的,本质上真实的价值活动都不属于局外研究者的研究范围。

中国有一句老话:"先做人,再做事。"日本被誉为"企业经营之神"的稻盛和夫在他的企业经营中有一句贯穿始终的企业文化用语:"做人何为正确?"美国管理思想家彼得·德鲁克(Peter Drucker)认为作为管理者最重要的素养是"正直"和"诚实"。东西方的实践者对于人品的重要性似乎都有着共同的见解,但这又是现代管理学不甚关心的主题。因为这些最为关键而直接的成败因素,往往缺少可以提供讨论的空间。

在中华德学价值形式辩证逻辑原理视域下,价值逻辑的四个范畴"元亨利贞"提供了一个价值解释的纯粹理性表达形式。这四个范畴作为一个整体,彼此依赖而相互作为存在条件,也相互作为学理方面的解释结构。因此,战略研究的重要目标之一——获得生存发展的可持续性——的解释结构由全局性、可行性以及适当性提供。

然而这里依然存在难点,就是我们所说的全局性其实通通是有限理性视野下的全局性,不同的管理者之间确实存在视野和判断力方面的差异。江山代有才人出,可又不得不以成败论英雄,运气经常比理性的选择显示出更强大的力量。显然,真实世界的管理思考范围远比学术界所定义的管理研究范围宽广得多。小到个人的身心健康,大到国家、国际的环境状态,无一不是成败的影响因素。管理学越分越细的研究领域和学术分支,往往把观察视野限定得十分狭窄,与以整体、综合、辩证演化状态存在的管理世界相比,前者更像一个远离了价值和价值逻辑的奇怪衍生物。战略研究或许应该引入对战略背后的价值逻辑的思考。管理实践中真正应该受到重视的，是拥有价值判断力的人。

3. 学习型组织中的价值逻辑

管理系统是典型的人类活动系统，管理行为为人类的价值活动而存在。这类系统之中不仅充满了难以直接感知的复杂的人类关系，还充满了伴随着复杂性的难以预知的演变。"元"所代表的整体性，不仅是一个开放的动态系统，而且是一个莫知其边界以及影响范围的系统。人类的有限理性，就是人类的有限认知能力，是无法完全掌握自然界与人类活动系统的整体演变的。所以对于管理实践者而言，唯一需要保持的是一种开放的心态和学习的态度。

组织作为整体的学习和成长，在管理实践方面是有挑战性的。能在这个领域取得成就的领导者，需要有高度的价值识别力。这些领导者在很大程度上也可以被称为艺术家。如何发挥好个体的主动性而形成可持续发展的合力，是一项包含着精深的系统关系的观察和驾驭语言乃至心理的高度的艺术能力。

关于组织学习成长的研究和实践是有很多成果的。并且这些思想是伴随着相应时期的技术发展而产生的。我们不妨从价值逻辑的立场观察一下这些成果的内在意义和价值。

（1）第五项修炼。

管理学领域最初提出"学习型组织"的是美国麻省理工学院佛瑞斯特（Forest）教授。他是一位杰出的技术专家，开创了系统动力学以研究人类活动系统的动态性、复杂性。他的学生彼得·圣吉（Peter Senge）于1990年出版其代表作《第五项修炼——学习型组织的艺术与实务》（以下简称《第五项修炼》），指出现代企业所欠缺的就是系统思考的能力。《第五项修炼》提供了一套使传统企业转变成学习型企业的方法：

- ·建立愿景——以为组织目标奋斗；
- ·团队学习——以强化团队向心力；
- ·改变心智——以改变心智模式；
- ·自我超越——以超越过去的知识和能力界限；
- ·系统思考——以纵观全局，把握因果本质。

彼得·圣吉推出《第五项修炼》的时期处于 20 世纪微电子和计算机技术迅速发展的早期，尚不能预计到现在这个时期技术迅速迭代的状况。我们可以从"元亨利贞"的价值逻辑视角来观察《第五项修炼》所提供方法的基本思路。

建立愿景和系统思考，都可以视作组织"元"层面的能力。在这里，组织的系统效能和发展的可持续性显然是被关注的核心。但是"元"层面并不仅仅包括系统性特征，还涉及更加广泛的内外因素。比如领导者的价值出发点、组织的外部环境状况等，这些因素实际上会发生非常多的变化。团队学习的目的是达成团队合作的和谐性、有效性。合作的起点，需要从个体的团队合作意向的发生开始。正如我们看到的那样，彼得·圣吉的组织成长梦想极少被企业实现，大多数企业的寿命都不是很长。从实践立场来看，这个现象是值得深思的。

（2）鞍钢宪法。

"鞍钢宪法"是更早的一个关于学习型组织的案例，那个时代面向生产效率的技术革新是主要的话题。1960 年，毛泽东批示将鞍钢实行的"两参一改三结合"的管理制度称作"鞍钢宪法"，要求在工业战线加以推广。"两参一改三结合"包括：

- ·工人参加管理；
- ·干部参加劳动；

- 改革不合理的规章制度；
- 干部、工人、技术人员相结合。

欧美和日本的管理学家发现，"鞍钢宪法"的精神是对福特式的僵化的公司内部分工理论的挑战，是在当时的历史背景下更为完善的企业经营理念和经营方式。此后，日本、欧洲各国、美国都相继出现这种模式。有学者指出，多年被人们推崇的丰田生产模式就是工人、技术人员和经理之间的团队合作，这正是"鞍钢宪法"的核心思想。

"两参一改三结合"达成了组织学习功能的以下价值特征。

工人参加管理——使得企业基层的信息可以迅速以更丰富的形式和媒介上达决策层。

干部参加劳动——使得决策层有机会更加直观地了解基层面临的问题。

这"两参"解决的是企业信息沟通的可行性（亨）与准确性（利）的问题。

改革不合理的规章制度——解决组织合作关系的适当性问题，使得组织运营成本降低，组织合作更加顺畅（利）。

干部、工人、技术人员相结合——构成了团队的整体性和系统性，促进企业优化和创新的整体（元）功能的发挥。

"鞍钢宪法"所采取的管理原则对于促成组织的合作生态有非常显著的实践意义。这一方法在国内外众多企业当中都显示出强大的生命力，至今在最前沿的企业中依然适用。

（3）稻盛和夫之问：做人何为正确？

被誉为"日本经营之神"的稻盛和夫在推进组织成长的过程中，提出一个非常独特也很有深意的问题，并作为企业文化的中心问题："做人何为正确？"这个问题非常类似于禅宗的一个话头，并不限定它的标准答案，又能令人不断地思考行动的价值选择，具有相当的开放性和优化空间。对这样一个问题的持续思考，可以带来很多的改进机会。稻盛和夫所领导的京瓷等企业，在"敬天爱人"的主导原则的感召下不断实现效能优化，创造了越过多次世界经济危机并且保持50年持续增长的奇迹。可以说，这是现代经营环境下"长期主义"组织实践的典型成功案例。

通常各类企业在一定时期的成败都有其特殊的条件和原因，但是稻盛和夫管理下的企业的"健康且长寿"，却是一种东方哲学思想下的特例，有着不同于西方企业"竞争战略"的发展思路。稻盛和夫甚至不去理会各种企业里通行的财务管理理论，他的经营思路十分简朴而有效：企业生存必须有利润，利润产生于价值创造，价值创造产生于服务社会需求。于是稻盛和夫提出组织优化的基本原则：降低成本、保障品质以及提高效率和总产出。通过团队小型化、管理透明化来提升组织的专业化水平和适应力。稻盛和夫成功地把企业面临的市场需求以及压力，直接转化为企业组织自主优化的方向，把"管理者的良知"变成"组织进化的良知"，这样大大减少了组织进化的内耗，提升了组织的协同性和迅速反应能力。组织的协同力、反应力与企业的经营宗旨相互配合构成了组织"整体性""和谐性""优化敏捷性"较为完备的功能特性的组合，这种组合在"元亨利贞"的价值逻辑之中，构成了企业"健康且长寿"的功能结构性解释。

（4）软系统思想方法。

软系统思想方法是一个从局外观察组织成长的系统化方法，是给提供咨询者参考的一套改善系统问题状态的思想方法。20世纪80年代，该方法由英国管理学家彼德·切克兰德（Peter Checkland）提出。他的思想体现了对科学与价值的双重思考，非常富有"东方特质"。

切克兰德发现类似于企业这类组织是非常复杂的"人类活动系统"，这个系统与物理系统在确定性上有很大的不同。其中一种复杂性是组织构成人员不可避免地有各自的认识和立场，使得组织内部的问题层出不穷。如何实质性地推动组织形成有意义的进化，就成为一项有高度艺术性的管理任务。

切克兰德为此提出了一项通过推动组织共同学习来改进人类活动系统的协调性的"软系统方法论"。这套方法论把科学的逻辑过程与系统实践的价值逻辑进行了比较完善的融合，值得从事经营管理系统思考的人员了解。

软系统方法论的工作模型如图5-1所示。

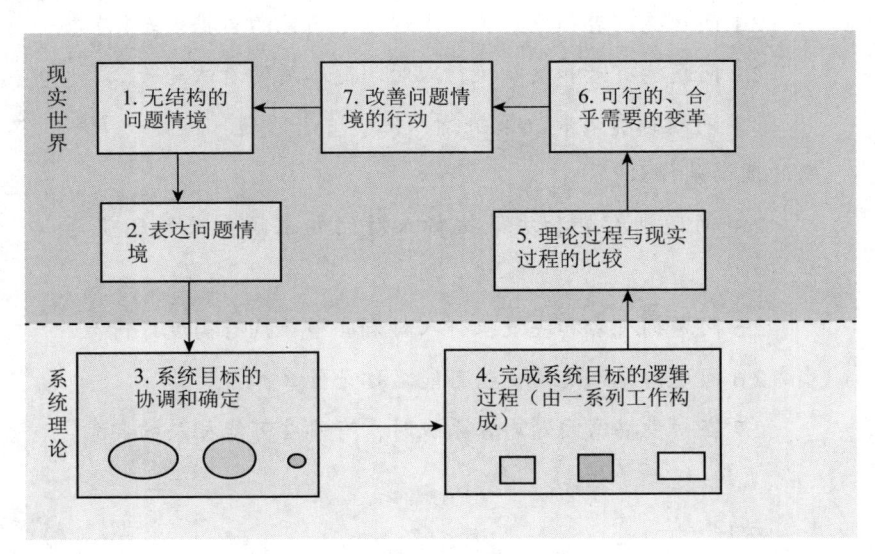

图5-1 软系统方法论的工作模型

这个工作模型分为两个部分。其中一个部分是关于逻辑与科学的部分，研究"是什么"的客观性问题；另一部分主要是图中虚线以下"系统理论"的部分，研究如何"科学地"解决系统存在的问题，这部分属于"认知理性"的工作。而真正对系统进行改善的"实践理性"，与具体实践的价值逻辑有关，包含在下述《系统探索的操作手册》之中。

《系统探索的操作手册》

1 把研究对象视作这样一个情景，其中一个委托人已委托了这项分析，将有一个问题求解系统（包括分析者）被用来影响问题系统（包括问题拥有者、决策执行人等）。

1.1 委托人是谁？

1.2 他的愿望是什么？

2 考虑问题内容系统

2.1 问题拥有者和决策执行人这两个角色的占据者是谁？

2.2 问题拥有者和决策执行人对问题本质的看法是什么？

2.3 问题拥有者和决策执行人把"这个问题"看作一个问题的理由是什么？

2.4 问题拥有者和决策执行人对问题求解系统的期望是什么？

2.5 问题拥有者和决策执行人对哪些事务持有高度评价？

2.6 问题内容系统的一些可能名称是什么？

2.7 在初步描写问题内容系统时，有哪些可能相关的要素

名词——

动词——

2.8 问题内容系统的环境约束是什么？

3 考虑问题求解系统

3.1 问题解决者角色的占有人是谁？

3.2 问题求解系统中的其他角色是谁？

3.3 问题求解系统的资源是：

人员——

物理资源——

技能——

资金——

时间——

3.4 可能的或已知的对问题求解系统的环境约束是什么？

3.5 问题解决者懂得此问题已经"被解决"的时候是何时？

上述问题对于改进组织行为的探索非常具有实践性意义。对于人类活动系统的探索者而言，要特别注意关系结构的性质，这与系统实践性探索的价值实现有关。价值本质上与具体的人的需求相关，也就是说，价值是有它的主人的。《系统探索的操作手册》的第一步建议关注"委托人及其愿望"，这属于价值实践的"元"层面问题，也是关乎系统探索成败的具有决定性影响的问题。对于问题内容系统的观察，涉及问题拥有者和决策执行人之间的关系问题，他们具有一致性吗？他们的期望、对问题的看法和理由的协调，构成了系统改进的"和谐性、适当性"（利）的影响因素。而对于问题求解系统中的问题解决者、行动资源、环境约束问题的思考，则构成对系统改进"可行性"（亨）的观察。

值得注意的是，对于一位研究人类复杂系统的探索者而言，上述问题并不是一些具有确切答案，或者一定具有稳定结论的问题。其中探索者真正能够获得的成就，本质上是问题系统改善过程中参与者的关系建设的成就，真正的价值创造都存在于对关系的认识，以及对关系的重新构建之中。

第六章
德学学理视域下的经营者修养

第六章　德学学理视域下的经营者修养

　　这里所说的经营者，并不局限于企业管理者或者企业家。从管理的价值追求本质而言，每个希望进行改善的人，在不同的规模或者范围内，都是实际上的经营者。从个人健康到家庭和睦、领导者引领组织的成长，乃至于经营事业的传承等，都是经营者价值创造的内涵。每个人经营的事业或大或小，其中成败的原因无不归结于价值逻辑要素（成物之功）是否满足。差别在于，伴随着经营范围从小到大，所涉及的视野以及所需要的能力范围会有所不同。而经营的成败，都不可能脱离价值逻辑（同时也是功能逻辑）的约束。本部分内容希望能为各个层面的经营者带来一些有关价值经营空间和价值经营途径的思考。

一、认识经营发展的价值实现空间

　　价值存在于关系之中，关系产生功能，功能创造价值。一切价值创造的基础是关系的创造。这个命题，是本书价值观察的核心命题。

　　价值属于关系范畴，拥有功能特性。价值、关系、功能，此三者拥有共同的逻辑观察范畴和解释结构。这里要做出的一个说明是，价值、关系、功能三者是天然地关联着的概念。当我们讨论关系的范畴时，我们也是在讨论功能的范畴，也是在讨论价值的范畴。同样，我们在讨论价值或者功能的时候，也同时是在讨论另外两个概念。此三者是同一观察对象的不同侧面。它们的逻辑范畴来源于中国哲学源头《周易》的价值判断的方法论"元亨利贞"。

　　"元亨利贞"的方法论框架，为我们提供了一个价值定性的完备理论结构。这个理论结构是过去产生于西方的科学哲学体系中所不具备的，是人类实践真正的底层逻辑基础，拥有各个学科领域诸原理之母的学理地位。我们可以从这个理论体系的范畴构成来认识经营的价值空间。

如果用一个最为简洁的概念来归纳我们所有的经营行为，那就是"决策"，其本质内涵则是"价值判断"。这项任务实际上贯穿于行动的每一个刹那，所以是经营成败的核心议题。我们可以通过决策的定性结构"元亨利贞"，来讨论获得好的决策的基本路径。

1. "元"的方法论意义和价值理解

无论是人类的认知领域，还是实践领域，中西方的哲学思考都接受一个共同的最高原则，也就是整体性原则。在康德的哲学里称之为"统觉直观的整体性"。孔子在讨论价值判断的最高原则时说"元者，善之长也"，对这个价值逻辑要素的地位予以了最高评价。这个"元"的概念在中国文化中的含义是十分丰富的，并不仅仅代表整体性。我们直接采用组词的方式就可以关联"元"的多重含义。这部分内容可以参考本书第四章"德学学理体系"中的相关介绍。

此处关于经营的重点是"元"，即最高层面的成败之决定因素，包含了客观的规定性和取舍的决定权，是需要经营者认识乃至敬畏的因素。对于各种经营环境下的"元"的理解，是经营者修养的最重要组成部分。其中与能力以及功能相关的内容，需要重点关注的可以包含以下多个方面：

- 对于经营环境全局性的认识；
- 对于经营环境中具有决定性的力量的认识；
- 对于客观环境现实条件的认识；
- 对于客观规律的认识；
- 对于决策出发点和最终目的之价值选择；等等。

在这里我们最容易遇到的，是有限理性的局限。这种局限主要来源于两个方面：一是系统的丰富复杂和人的认识能力有限性之间存在矛盾；二是人的知识永远在追随环境的变化，而环境始终处于不确定性之中。应对有限理性的办法只有保持谦逊的心态和开放的视野，恰恰这种素养正是对人性的考验。认知高度和对全局的把握能力的差异，决定了经营者的优势差异。现代社会最大的优势差异来源于认知的差异。

从整体性（元）的层面看决策，其是关于愿景以及战略层面，以及有关决策出发点的思考。出发点的重要性在于其对最终的结果会产生决定性的影响。对于一个具有理性思考能力的经营者而言，进行任何一项重要的决策，都需要考虑可行性、适当性和可持续性的满足条件。没有可行性的决策属于空想；可行而不适当的决策会走向歧途；没有可持续性思考的决策即为短见。

2."亨"的方法论意义和价值理解

可行性及其条件是价值理解最为直观和现实的一个逻辑要素。"资本"和"货币"，这些概念正是建立于信用基础（属于价值逻辑中"贞"的范畴），并用作流通资源以达成可行性的符号。它们是各种经营者都在用直接或者间接的方式寻求的价值要素。现代经营活动中一种导致诸多价值悖论的倾向，是对"资本"价值要素极度追求的倾向，这导致了经营活动中的各种机会主义和短视行为，进而对各种局部和整体价值带来危害。

在德学学理体系中，可行性拥有不同的内在品质，这种内在品质的解释结构来源于可行性（亨）与"元""利""贞"的相关性。这是指任何一种面向目标的可行性选择，都对应着各自的价值特征，即它与自身存在环境的整体关系状态。这些特征中的任何一个特征的品质，都可以从价值逻辑的另外三个范畴来识别。

从可行性视角看决策，是指存在多条具有可行性的道路可供选择，决策要选出一条具有较优价值特征的路线。例如，我们在面临一种决策选择时，如果考虑优化选择的话，就要问：这样对于自己生存环境的和谐是适当的吗？这个选择对整体环境会产生怎样的影响？这个选择导致的结果对于自身和整体环境都是可持续的吗？不进行这些思考的选择，则对应着中华文化传统中的这样一个成语："人无远虑，必有近忧"。这句成语可以包含两层意思：一是没有远见的选择，是因为受困于眼前的忧患；二是没有远见的选择，忧患之事终将来到眼前。

中国哲学有"止于至善"的实践理性原则，这项原则既有理想主义的成分，也有其实践的逻辑根据和判断原则。价值逻辑"元亨利贞"为此提供了进行道路定性选择的方法论原则，定义了"缺德"的基本含义，告诉我们关系、功能、价值的逻辑刚性——所做的一切结果，必将回到自己身上。而道路选择的优化，也将功不唐捐。

3. "利"的方法论意义和价值理解

我们生活中一切选择的优化，乃至中国文化中的"止于至善"，都可以归到"利"的价值逻辑实践之中。"利"是适当性、和谐性的价值逻辑范畴的表达。孔子对这个概念的解释是"利者，义之和也"。这个解释还是比较多地基于人伦关系的伦理层面。但是适当性这个范畴在人类实践活动中有着更加广泛的应用场景。中华文明中的经营之道，可以归纳为"修己安人"。这里面包含着经营者"修行"的成分。所谓修行，就是调整自己的见解和行为，以达到"合乎道"的基本精神。

"合乎道"的具体路径，是让行为选择具有"德"的完备性，也就是达成"元亨利贞"的完备。在德学的价值逻辑框架中，适当性选择的衡量与诠释，是根据该选择的全局性、可行性和可持续性的品质来进行的。这是运用价值形式辩证逻辑方法进行选择所需要守护的根本原则。

对于适当性的价值追求，具有最广大的发挥创造性的空间，也会遇到纷繁复杂的各种风险。创造性空间来自我们生活环境的丰富性和变化的需求，风险则来自有意无意的对价值逻辑要素的忽视。

对适当性范畴的思考和价值创造，涉及中华文明价值观的诸多实践理性层面的认识。关于什么是适当的价值追求路径，老子的价值实践宗旨是："我有三宝，持而宝之。一曰慈，二曰俭，三曰不敢为天下先。"这体现了老子的道德路径所包含的对生存环境关系构建的善意、对自身欲望的节制，以及对自然形成的秩序的尊重和谨慎。儒家《大学》的价值实践表达，重点在于"诚意""知止"和"中庸"。"诚意"是以无情感偏颇的心态来进行价值感知和判断；"知止"是把握行为的界限——止于仁，有所不为；"中庸"是在纷繁复杂的价值关系中取得具有可持续性的平衡。道、儒两家的价值取舍表达方式虽然不同，但如果用价值形式辩证逻辑来观察，则两者是完全可以相通的。

适当性优化的目标和途径是非常综合和多样的，比如：就产品优化而言，可以是精度、材料、成本、结构、市场针对性等多方面的综合优化；在个人修养方面，可以是修养好自己的心态，说好关键的那句话；在组织方面，可以是培育优秀的组织文化，营造团结合作的氛围；等等。这些优化都可以对各种经营的系统整体性、目标可行性以及发展可持续性带来影响。

4. "贞"的方法论意义和价值理解

历史上高明的经营者都是长期主义者。只有他们才有机会成为各种环境中最后的赢家。长期主义的重点在于"知止"，也就是守护有所不为的原则，回避经营过程中的各种风险。可持续性发展（贞）的保障，是通过系统的全局性（元）、方案的可行性（亨）、经营的适当性（利）几个方面的综合来获得的。那些具有百年历史的小而强的企业，他们的产品必定在大环境中拥有长期的需求和市场，面向的是人类具有可持续性的需求，这是"元"层面的生存保障；他们保持适当的规模和利润水平以保持在环境变化中的耐受性；同时他们也关注组织文化、技术、市场在代际传承中那条可行道路的探索。

可持续性价值范畴在价值逻辑的四个范畴中，是力量和重要性最接近于"元"层面的范畴。可持续性可以为合理性的优化带来空间，进而为各种可行性的发生创造条件。那些具有可持续性的坚持，其特征更加接近于"规律"和"道"的性质，接近于"德"的完备。

那种能够具有持久力的思考和守护，是一种极为珍贵的修养和能力。其重点在于对"缺德"之风险的敏感，这是一种用"智商"不足以描述的德性。

二、经营者的价值理性观察视野

一切的经营，本质上是关系的经营。因为所有的价值，都存在于关系之中。我们每一个人都是价值经营者，不论我们有意还是无意，都处于广泛的关系的连接之中。人生价值，归结于人生所形成的关系连接的品质。而我们对于关系的认识与看法，也会带来不同的经营方式与经营结果。

所有的经营都是价值关系的发现与安排，价值关系的安排可以包括价值创造、价值提升以及价值守护与延续。我们处于普遍和广泛的关系的连接之中，也就是说，处于广泛的价值结构之中。每个人能够独立创造的价值是十分有限的，而大部分已经存在的价值关系构成了每个人的生存环境。每个人与家庭、朋友圈、社会环境、自然环境的关系，企业管理者与经营环境中所有利益相关者的关系，形成了他们的价值发展空间。在现代社会充满各种竞争的环境中如何自处，如何选择，是非常具有考验性的问题。美国实用主义思想家约翰·杜威（John Dewey）的建议是：大胆假设，小心求证，以不断的行动和试错来获取正确的结论。这种实用主义思想在20世纪曾经流行一时。约翰·杜威的一个观点很有参考价值：只有正确的方法，才能带来正确的结果。但是正确的方法是什么，需要自己去探索，他也不知道是什么。

关于正确的方法的选择，中国哲学提供了"元亨利贞"的价值逻辑识别途径，它可以把理想与现实连接在同一个理论模型之中，通过对"德"的识别，完成理想主义与实用主义的对接。中国的实用主义是理性的实用主义，是面向"至善"理想的实用主义。

马斯洛的需求理论把人的需求分为不同的层次，从下到上包括生存的需求、安全的需求、情感的需求、被尊重的需求和自我实现的需求。这些不同层次的需求并不是以先后次序的形式出现，而是同时存在的。只不过这些需求的实现条件由下向上更加苛刻，更难以获得而已。这仅仅是从价值逻辑"亨"这个层面的分类。中国哲学对于需求的结构以及实现的路径，具有更为详尽的价值观察和分类。相关内容可以参考《道德经》中"德经"的首篇。我们在后文"经营价值层面的判断原理"中进行了比较全面的诠释。

三、价值经营的德学观察视野

为了呈现中国哲学在实践理性方面的成就高度，我们需要了解西方哲学的思考困境。世界历史上思想家众多，其中康德作为德国古典哲学的创始人，在全球思想界拥有非常高的地位。我们复习一下康德在他那个时代提出的三个根本性的科学问题：

我可以知道什么？

我应该做什么？

我可以期望什么？

这些问题与《周易》时代的中国古人关心的问题十分类似，也正是我们现代人都在关心的问题。然而，康德的一生仅仅回答了这三个问题的第一个问题——这个世界可以认识吗？他的工作为现代科学的发展奠定了哲学基础。但是，康德的最终目标并不在此，他想探寻的是人类究竟应该怎样过上道德的生活。所以他一生写了《纯粹理性批判》《实践理性批判》和《判断力批评》"三大批判"。可惜的是，康德从科学通向道德的这条路没有走通。他试图用认识世界的方法建立价值判断和实践理性的模型，但这条路在逻辑上是不通的。因为从认识世界的理论模型当中，并不能得到价值判断的基本逻辑。所以在这个基础上建立起来的科学哲学体系，仅仅能够服务于认识世界，而不能指导人们应该如何生活。这也是现代科学体系为人类发展带来众多困境的重要原因之一。

《周易》作为中华文明文字表达的源头之一，提供了时空结合的基本理论模型，提供了世界其他哲学不具备的价值判断的逻辑机能，使得中国哲学成为真正意义上的实践理性哲学，并构成中华文明价值观的理性土壤。价值形式辩证逻辑是蕴含在中国哲学当中的一个非常深刻的思想体系，价值逻辑作为关系的逻辑和功能的逻辑，贯穿于一切事物和现象之中。历史上各种思想家那些深奥的表达，都可以用这样一个深层的观察视角进行解读。当然，中国历史上各种在科学哲学视野下令人难以理解的学术体系，例如中医学、预测学等，连同老子、孔子等思想家的传世经典，也不外是这一原理的应用。下面我们就道、儒两家的关键经典中有些不太容易理解的，并且处于经典的关键地位的表述进行一些解读。

1. 《道德经》内在价值逻辑的德学解读

中国哲学的早熟，反映在它直接产生了同时具有理想主义和实用主义特征的哲学形式。这是康德及其之后两百余年的西方哲学家们至今未能到达的思想高峰。康德的科学哲学并不是与这个高峰并肩的另一个思想高峰，只能说是这个思想高峰在山腰上的一片风景。我们可以在对老子《道德经》关键内容的解读中看到这两种成就的高度差异。

（1）关于价值的形而上理论思考。

老子在《道德经》的开篇，有一段极为深奥的陈述："道可道，非常道；名可名，非常名。无，名天地之始；有，名万物之母。故常无，欲以观其妙；常有，欲以观其徼。此两者，同出而异名，同谓之玄，玄之又玄，众妙之门。"

"玄"在色彩上代表黑色，如同黑夜不可见的状态，引喻为不可见、不可知的领域。"玄"字的象形表达，是两根丝线绞合在一起的形象。"同谓之玄"的意思是"差异中的共同性"。那个不可眼见的"差异中的共同性"，用现代科学语言来说，就是"规律"。所谓"智者察同，愚者察异"，就是指那些有智慧的人能够觉察事物中隐含的规律，不是智者则没有这个能力，只能看到差别。所以中国历史上并不是没有"科学家"，研究玄学的就是中国历史上的"科学家"，他们就是去探索发现规律的人。而且，中国古代的科学家所依据的哲学基础是具有更高完备性的一个哲学体系。只是他们的力量没有用于对物质世界的所谓"本质"的探索。因为中国古人并不认为有什么"固定的本质"存在，一切都在变化之中。变化才是不变的本质。

体现中国哲学思想高度的一句是："玄之又玄，众妙之门。"即"规律之上还有规律"。这个"规律之上的规律"，是生出各种微妙奇迹和创造的"众妙之门"。那么，什么是"规律之上的规律"呢？我们的答案是"元亨利贞"构成的价值形式辩证逻辑原理。

如果我们熟悉现代科学的种种发现和理论建构，不难发现各种规律之间是没有通约性的。即它们之间不能互为基础，并且彼此不能拥有肯定或者否定的关系。比如牛顿三定律之间就没有可以彼此支持或者否定的能力。但是所有的科学发现，其命题在被确认为"规律"之前，必须经过"现象关系识别空间（元）""现象关系可行性（亨）""现象关系适当性（利）""现象关系可持续性（贞）"的原则性检验，如果在这四种关系原则的检验中有任何一种不被通过，那么相关命题就不可以被纳入"规律"的范围之中。

由此可知，关于关系识别的原理、原则，就是那个"规律之上的规律"，那个"玄之又玄"的"众妙之门"。这个"众妙之门"，是康德毕生追寻而没有找到的实践理性的原理和法则，是人类智慧的发生与自由的创造的"判断力的来源"。

（2）经营价值层面的判断原理。

老子的《道德经》在马王堆出土的版本里名为《德道经》，德经在前，道经在后。这在一定程度上反映了那个时代的人们对于"德"的重视。德经的开篇，不同的版本差别不大。老子在德经开篇有这样一段概括性的论述："上德不德，是以有德；下德不失德，是以无德。上德无为而无以为，下德无为而有以为。上仁为之而无以为，上义为之而有以为，上礼为之而莫之应，则攘臂而扔之。故失道而后德，失德而后仁，失仁而后义，失义而后礼。夫礼者，忠信之薄，而乱之首。前识者，道之华，而愚之始。是以大丈夫处其厚，不居其薄；处其实，不居其华。故去彼取此。"

对于老子的德经开篇论述，我们不难提出的问题是：老子对于"德"的判断何以有这样一个排序？其中层次分类的推理基础是什么？如果追溯老子思想的来源，采用《周易》价值判断的辩证逻辑体系进行观察，则我们不仅可以对老子德经中的上述问题一目了然，而且对历史上各位哲学家的相关研究见解也不难给予定位。

从"成物之功"的基本观察出发，我们借助《周易》概括一切事物价值特征的基本范畴"元亨利贞"，对老子"德"的排序做一个列表观察（见表6-1）。

表 6-1 老子"德"的排序逻辑对照表

《道德经》不同层面的表述	德之判据	元	亨	利	贞
道可道，非常道	道	不可表述的动态的整体性存在			
上德不德，是以有德	德	人与自然的整体关系	无限制、纯任自然的通达与可行性	无特殊关系与目的的自然和谐	具有完备的自然可持续性
上仁为之而无以为	仁	以人为主体的关系	无条件限制之可行性	人类的无条件的关怀、爱护	人类范围之无条件可持续
上义为之而有以为	义	以人为主体的关系	有条件限制之可行性	有条件约束的良性关系	有条件约束的可持续性
上礼为之而莫之应	礼	以人为主体的关系	有条件限制的发生形式	有条件的良性关系表象	内涵与表象可能分离

如果我们从"元亨利贞"的"成物之功"来看，《周易》的价值判断原理对于价值层面有着非常明确的排序原则。这是一个"失去难度"和"容易获得"的排序，也是"成物之功"水平不断降低的排序。衡量尺度的运用，第一次分级是在"元"层面，用到的指标是整体性范围的大小（德与仁之别），从"上德"到"上仁"，范围从天地万物缩小到人的范围。第二次分级是在"亨"的价值层面，用的是条件的可行性指标（仁与义之别），"上仁"是无条件的，但是到了"上义"就不得不讲条件。第三次分级用到了"贞"的价值指标（义与礼之别），到了"礼"的层面，可持续性和表象与内在的一致性已经不能保障了。

在最上层的"德"的层面，它与"道"的层面互为体用，是具有理想主义特性的完美层面，这个层面具足了平等和博爱的性质，对应着水的全部美好德性的隐喻。因为这个性质，人们对这个层面的价值付出也是不讲条件的，所以相应来讲有最高水平的"成物之功"。这个层面的"成物之功"与理想以及信仰直接相关。

"仁"的层面，是孔子所守护的价值层面。孔子时代对于"仁"和"德"的概念没有进行过定义和区分，所以在儒学典籍中，"仁"的概念曾令孔门的学子们揣测不已。这个层面以家庭的人伦关系为基本模型，《道德经》中"上仁"对人的关爱也是无条件的。围绕"仁"，以孝道为中心，在儒家文化的主导下形成了以家族宗法为中心的中国社会形态。"仁"这个价值层面仅次于"德"，只是范围相对缩小了，从整个自然的"上德"缩减到了人的范围。"上仁"的价值形态，是以天然的、无条件的母子之亲、父子之亲的发生作为比喻的，就像父母对于幼子的关爱和保护，具有不带任何功利计较的纯粹性。这是人类之中发生的最为美善的、崇高的、自然的关系。

这里有一个著名的案例：第二次世界大战后，日本松下幸之助先生在参与修复因战乱摧毁的庙宇时，看到了人们完全无条件付出的热情，因而开始反思企业经营过程中公司–员工关系困境的成因。他发现，其成因在于以资本为中心的运营缺乏"利人"的出发点，从此他将企业经营的出发点从利润转变为"利益人"。松下幸之助从此把经营带入了"仁"的层面，创造了日本不同于西方的劳资关系，开拓了日本经济持续进化的发展空间。

由于中华文化历史上对"仁"的概念边界和成立条件的界定不够清楚，因此导致了后来的文化发展中出现"异化"的问题。汉代以后宗法社会形态的出现，尤其是董仲舒"三纲五常"思想的提出，已经开始违背道德逻辑原理的根本原则，失去了"明明德"的最初出发点。由于把人为规定的"三纲"放在了自然之道"五常"（仁义礼智信）之上，用

"人欲"替代了道德律的自然精神，所以此后演化出各种异化的恶果在所难免。鲁迅在《狂人日记》中甚至以"吃人"指责这一儒家文化主题下产生的近代结果。

到了"义"的层面，作用范围还是人的价值范围，但是出现了可行性的约束，开始要讲条件了。"义"的层面进入了做交易的层面，爱已经不是无条件的了。"义"讲究的是适宜性、限制性与条件性。"义"的层面，实质上是"仁"的层面加入约束条件后的降级。因为无条件关怀的可行性已经无法满足，才退而求其次开始讲条件。这是"失仁而后义"的含义。孔子求仁，是希望追慕过去周代的王道；孟子尚义，是因为当时的时代已经是霸道的时代，人们通过义气结交而增强实力，谋取生存空间。"义"的层面也是康德"第一道德律令"所处的层面，即孔子所说的"己所不欲，勿施于人"，讲的就是行为的适宜性。法律是为人类行为的适宜性兜底的社会制度。

在以义为利之上，还可以有以人为本（仁），还可以有尊重自然的理念（德）。以敬天爱人作为出发点，是高于"义"的层面的哲学思考（元思考）。例如，人力成本理念转变为人力资源理念，是美国从日本学习了东方经营模式以后发生的事情。实际上是出自松下幸之助的洞见和实践理性，他第一次把人力作为资本而不是成本来经营。被誉为"日本经营之神"的稻盛和夫以"做人何为正确"为核心议题，把"义"这个层面与其之上的不同层面进行了更深度的结合，打通了仁、义、礼的内在关系，实现了道与术进一步的结合，创造了经营界的奇迹。

"礼"的层面关系到人的行为表象，特别为孔子所重视。孔子认为"礼"是"仁"的实践，也是实践理性的一部分。但是这个层面的形式会存在表里不一的情况，追求实德的老子直言它是"道之华"，也是"乱之首"。这里的分歧，是孔子走有为路线和老子走无为路线的分歧。

如果要做事情，形式自然是不可缺的。值得关注的是，这些不同的层面反映了不同"成物之功"的系统水平。越向上，越具有开放的发展空间和更小的阻力、更大的人类热情和更强的可持续性。

2.《大学》内在价值逻辑的德学解读

从《周易》这个中华文明的源头流变出了很多学派，它们的思想在中国哲学的根本源头上是相通的。只不过它们对于人类未来的理想状态和实践路径各有所见，各有所想。其中，儒家思想的根本经典也有其独到的高明与远见。这种高明与远见反映在据传是曾子所写的《大学》这部儒学的重要经典中，里面反映了中国哲人关于未来之发展理想的最具学理内涵的精致表达。其不仅包含了中国实践理性哲学思想对于未来的期许，而且包含了向理想社会发展的根本性道路选择——"明明德于天下"。只是由于后世的儒家学者们缺乏对《周易》中最为重要的价值逻辑原则的认识，因而对于《大学》核心思想的把握也产生了一些偏差。

以下三段是《大学》放在前面的内容，反映了《大学》的作者对人类通过努力可能达成的美好未来的哲学思考，也包含了中国哲学独有的实践理性的路径。极为值得关注的是，它表达了对中国文化历史上曾经在精英阶层中盛行的"愚民思想"的否定。

> 大学之道，在明明德，在亲民，在止于至善。知止而后有定，定而后能静，静而后能安，安而后能虑，虑而后能得。物有本末，事有终始，知所先后，则近道矣。
>
> 古之欲明明德于天下者，先治其国；欲治其国者，先齐其家；欲齐其家者，先修其身；欲修其身者，先正其心；欲正其心者，先诚其意；欲诚其意者，先致其知；致知在格物。

> 物格而后知至，知至而后意诚，意诚而后心正，心正而后身修，身修而后家齐，家齐而后国治，国治而后天下平。

"大学之道，在明明德，在亲民，在止于至善。"从中国哲学的形式辩证逻辑立场来解释《大学》开篇的这个命题，则可以陈述为：最根本的学问之道，在于把握价值判断的基本原则，在于把价值原则运用于人类关系建设的实践，在于将价值认知和实践落实于终极的善。对于大学之道的这三句陈述，理论上正好构成了中国先贤对康德终生追问的三个根本性科学问题的回答。

关于《大学》，最值得注意的是这篇文章对于"明明德"的重视。学问的出发点是个人的"明明德"，其最终目标是"明明德于天下"，是要让所有的人都具备价值识别能力，使社会成为"觉悟者"的群体。正如《周易》乾卦所说的："用九，见群龙无首，吉。"这是指人类社会可能达成的最完美的状态——所有的人都成为"觉悟者"，达到理性与自由的完全融合，这是一种"至善"的人类社会状态。

3. 阳明心学的德学解读

阳明先生的心学思想在中国近现代的理论界以及实践者中，都产生了巨大的影响。在现代学者的评价中，阳明先生也被排入"圣人"之列。但实际上，对阳明先生思想的理解仍然存在很多歧途。在阳明先生的心学思想体系当中，仍然缺少对于心学体系进行实践的入手之处。阳明先生所处的时代是受到很多限制的，也面临很多真话不得全说的问题。我们看到他批评当时的道家、释家而站在"儒家"的立场，似乎他是专挺孔孟之学。但其实他对当时很多自认为是"儒家"的思想、行为也颇不认可。

阳明先生对于他的心学的阐述，很大程度上参考了禅宗的一些见解和方法，我们可以在记录他和他学生对话的《传习录》当中明显地看到这方面的痕迹。中国禅宗在"明心见性"的证体启用方面实际上存在非常完备的修证体系。所谓"证体启用"，指的是两件事，一件是实证阳明先生所说的"良知的本体"，另一件是在见到本体的基础上"为善去恶"。阳明先生所处的时代已经是圣贤难遇。可以说，他成为那个时代思想界的翘楚，一方面是那个时代求至道的学子的幸运，另一方面也是中华文明演化历程中的一抹凄清的晚霞，最终并没有能够照亮那个时代。

其中的原因之一，是阳明先生的学问里还缺少一个从理论到实践的桥梁，一个所谓"入手的把柄"。这件事，阳明先生是留有遗憾的，以至于后人对阳明先生有很多误解。有认为阳明先生是唯心主义的，也有认为阳明先生走了"偏空狂禅"路线的，等等。甚至在他后世的弟子中，也有一些扮演了并不光彩的历史角色。所以，我们有必要对阳明先生的思想进行一次站在价值逻辑立场的德学解读。

非常值得我们注意的是：历史上那些大思想家、大哲学家的思想是一直处于演变中的。越到他们生命的后期，他们的思想越趋于成熟，阳明先生也是如此。阳明先生去世的前一年是他五十六岁的时候，他给他的学生顾东桥写了一封信来回答对方的疑问，对他当时眼中的佛老之说和群儒之论进行了严厉的针砭，题名为《拔本塞源论》。因为里面有些文字现在不是很常用，笔者查寻了其含义后就标在相应的位置。《拔本塞源论》全文如下。

《拔本塞源论》

夫拔本塞源之论不明于天下，则天下之学圣人者，将日繁日难，斯人沦于禽兽夷狄，而犹自以为圣人之学。吾之说虽或暂明于一时，终将冻解于西而冰坚于东，雾释于前而云滃（wěng，形容水盛）于后，呶呶（náo，喧哗）焉危困以死，而卒无救于天下之分毫也已。夫圣人之心，以天地万物为一体。其视天下之人，无外内远近，凡有血气，皆其昆弟赤子之亲，莫不欲安全而教养之，以遂其万物一体之念。天下之人心，其始亦非有异于圣人也，特其间于有我之私，隔于物欲之蔽，大者以小，通者以塞，人各有心，至有视其父、子、兄、弟如仇雠者。圣人有忧之，是以推其天地万物一体之仁以教天下，使之皆有以克其私，去其蔽，以复其心体之同然。其教之大端，则尧、舜、禹之相授受，所谓"道心惟微，惟精惟一，允执厥（jué，本意是指憋气发力，采石于崖，引申义是尽全力）中"。而其节目，则舜之命契，所谓"父子有亲，君臣有义，夫妇有别，长幼有序，朋友有信"五者而已。唐、虞、三代之世，教者惟以此为教，而学者惟以此为学。当是之时，人无异见，家无异习，安此者谓之圣，勉此者谓之贤，而背此者，虽其启明如朱，亦谓之不肖。下至闾（lǘ，里门）井田野，农、工、商、贾之贱，莫不皆有是学，而惟以成其德行为务。何者？无有闻见之杂，记诵之烦，辞章之靡滥，功利之驰逐，而但使之孝其亲，弟其长，信其朋友，以复其心体之同然。是盖性分之所固有，而非有假于外者，则人亦孰不能之乎？学校之中，惟以成德为事。而才能之异，或有长于礼乐、长于政教、长于水土播植者，则就其成德，而因使益精其能于学校之中。迨夫举德而任，则使之终身居其职而不易。用之者惟知同心一德，以共安天下之民，视才之称否，而不以崇卑为轻重，劳逸为美恶；效用者亦惟知同心一德，以共安天下之民。苟当其能，则终身处于烦剧，而不以为劳；安于卑琐，而不以为贱。当是之时，天下之人熙熙皞皞（hào，白亮，舒畅貌），皆相视如一家之亲。其才质之下者，则安其农、工、商、贾之分，各勤其业，以相生相养，而无有乎希高慕外之心。其才能之异，若皋（gāo）、夔（kuí，传说中的一条腿的怪物）、稷（jì，意思有两种：①粟，小米；②黍类之不黏者）、契者，则出而各效其能。若一家之务，或营其衣食，或通其有无，或备其器用。集谋并力，以求遂其仰事俯育之愿，惟恐当其事者之或怠，而重己之累也。故稷勤其稼而不耻其不知教，视契之善教即己之善教也；夔司其乐而不耻于不明礼，视夷之通礼即己之通礼也。盖其心学纯明，而有以全其万物一体之仁。故其精神流贯，志气通达，而无有乎人己之分，物我之间。譬之一人之身，目视、耳听、手持、足行，以济一身之用。目不耻其无聪，而耳之所涉，目必营焉；足不耻其无执，而手之所探，足必前焉。盖其元气充周，血脉条畅，是以痒疴（kē，病）呼吸，感触神应，有不言而喻之妙。此圣人之学所以至易至简，易知易从，学易能而才易成者，正以大端惟在复心体之同然，而知识技能非所与论也。

　　三代之衰，王道熄而霸术焻（chàng，盛行）；孔孟既没，圣学晦而邪说横。教者不复以此为教，而学者不复以此为学。霸者之徒，窃取先王之近似者，假之于外，以内济其私己之欲，天下靡（倒下）然而宗之，圣人之道遂以芜塞。相仿相效，日求所以富强之说、倾诈之谋、攻伐之计，一切欺天罔（迷惑）人，苟一时之得，以猎取声利之术，若管、商、苏、张之属者，至不可名数。既其久也，斗争劫夺，不胜其祸，斯人沦于禽兽夷狄，而霸术亦有所不能行矣。

　　世之儒者，慨然悲伤。搜猎先圣王之典章法制，而掇（摘取）拾修补于煨烬之余。盖其为心，良亦欲挽回先王之道。圣学既远，霸术之传，积渍已深。虽在贤知，皆不免于习染。其所以讲明修饰，以求宣畅光复于世者，仅足以增霸者之藩篱，而圣学之门墙遂不复可睹。于是乎有训（说教）诂（会意）之学，而传之以为名；有记诵之学，而言之以为博；有词章之学，而侈（夸大）之以为丽。若是者纷纷籍籍，群起角力于天下，又不知其几家。万径千蹊，莫知所适。世之学者，如入百戏之场，欢谑跳踉、骋奇斗巧、献笑争妍者，四面而竞出，前瞻后盼，应接不遑。而耳目眩瞀（mào，眼睛昏花），精神恍惑，日夜遨游淹息其间，如病狂丧心之人，莫自知其家业之所归。时君世主亦皆昏迷颠倒于其说，而终身从事于无用之虚文，莫自知其所谓。间有觉其空疏谬妄，支离牵滞，而卓然自奋，欲以见诸行事之实者，极其所抵，亦不过为富强功利五霸之事业而止。圣人之学日远日晦，而功利之习愈趋愈下。其间虽尝瞽惑于佛老，而佛老之说，卒亦未能有以胜其功利之心。虽又尝折衷于群儒，而群儒之论，终亦未能有以破其功利之见。

　　盖至于今，功利之毒沦浃（jiā，湿透）于人之心髓，而习以成性也，几千年矣。相矜（骄傲自大）以知，相轧以势，相争以利，相高以技能，相取以声誉。其出而仕也，理钱谷者则欲兼夫兵刑，典礼乐者又欲与于铨轴（quán zhóu，犹衡轴，比喻中枢要职）。处郡县则思藩臬（niè，箭靶子，例如箭臬、射枭）之高，居台谏则望宰执之要。故不能其事，则不得以兼其官；不通其说，则不可以要其誉。记诵之广，适以长其傲也；知识之多，适以行其恶也；闻见之博，适以肆其辩也；词章之富，适以饰其伪也。是以皋、夔、稷、契所不能兼之事，而今之初学小生皆欲通其说，行其术。其称名借号，未尝不曰"吾欲以共成天下之务"，而其诚心实意之所在，以为不如是则无以济其私而满其欲也。呜呼！以若是之积染，以若是之心志，而又讲之以若是之学术，宜其闻吾圣人之教，而视之以为赘疣枘（ruì，榫头，插入卯眼的木栓）凿。则其以良知为未足，而谓圣人之学为无所用，亦其势有所必至矣。

呜呼！士生斯世，而尚何以求圣人之学乎？尚何以论圣人之学乎？士生斯世，而欲以为学者，不亦劳苦而繁难乎？不亦拘滞而艰险乎？呜呼！可悲也已！所幸天理之在人心，终有所不可泯，而良知之明，万古一日。则其闻吾拔本塞源之论，必有恻然而悲，戚然而痛，愤然而起，沛然若决江河，而有所不可御者矣。非夫豪杰之士无所待而兴起者，吾谁与望乎？

在这篇文章中我们可以看到，现代社会中各种各样的"卷"的现象在阳明先生那个时代已经很严重了。当时普遍的一个情况是读书人都打着"共成天下之务"的旗号，谋划着满足自己的私欲，把圣人的核心思想忘得一干二净。

什么是圣人之学呢？阳明先生继承了儒家的基本观点，无非"父子有亲，君臣有义，夫妇有别，长幼有序，朋友有信"这么一种圣贤为人的核心精神。阳明先生把这种教学称为"成其德行"的教学：

> 唐、虞、三代之世，教者惟以此为教，而学者惟以此为学。当是之时，人无异见，家无异习，安此者谓之圣，勉此者谓之贤，而背此者，虽其启明如朱，亦谓之不肖。下至闾井田野，农、工、商、贾之贱，莫不皆有是学，而惟以成其德行为务。

阳明先生这里所说的"德行"教育主要指的是人伦关系的教育，他认为这是最核心的教育内容，并且对于所有人都没有什么难处。阳明先生将学校教育的另外一种意义称为"成德"，是指才能的培养要以个人的特点为依据，以个人所长来成就他的才能：

> 学校之中，惟以成德为事。而才能之异，或有长于礼乐、长于政教、长于水土播植者，则就其成德，而因使益精其能于学校之中。

从这里我们可以看出，阳明先生对于教育的价值判断有非常明确的主次分别。排在前面的是人伦关系的价值观，其次才是个人才能的培养。这两者都归入一个"德"字。可见，阳明先生对于"德"的理解也不仅限于伦理层面。但是他也没有能够把关于"德"的学理讲得彻底明白。

"父子有亲，君臣有义，夫妇有别，长幼有序，朋友有信"是中国农业时代的社会理想。但是科举制度把这些本来朴素的思想变成了争夺有限上升渠道的工具。汲汲于谋生的社会人群对于"工具化"所带来的价值趋之若鹜，乃至于过去的圣人之学和传统文化都成了谋生以及"内卷"的工具。这是阳明先生为之痛心疾首的一件事情。可是当时他已经五十六岁，他的弟子们真正理解他的也没有几个。他只能期盼读了这篇文章的后人——"有恻然而悲，戚然而痛，愤然而起，沛然若决江河，而有所不可御者"，能够突破那个时代功利主义的樊笼。

我们从德学的角度观察阳明先生的思想，是为了解决现代生活的问题。不难看到，近代以来的科学发展以及西风东渐，已经使得功利主义的短视行为泛滥于所有的生活角落。科学主义、工具主义主导的社会生活使得人类生活环境中产生了大量的价值扭曲，人类所创造的工具正在反噬人类，不断挤压着人类自身的生存空间。在这个信息普及、工具发达的时代，知识与信息的代际鸿沟正在被抹平。试图回到过去农业时代的社会秩序显然是不可能的。对于社会人群的普遍觉醒，信息工具的普及恰恰提供了一个良好的契机。我们这里说的觉醒是每个个体都可以拥有的价值觉醒，是中国古代圣贤"明明德于天下"的社会梦想，其在这个时代有了一种新的可能性。

阳明先生的梦想在他的时代是不可能实现的，因为帝制下的封建社会是"尽天下而奉一人"的时代。社会人群生活资源匮乏，上升渠道稀缺是一种普遍的社会现象。人们不得不在科举这条窄桥上"内卷"，读书人"头顶圣贤而各谋私利"是那个环境下的必然策略，试图达成个人和社会的共赢几乎是不可能的事情。所以，他只能写点文章留待后人了。

价值逻辑的完整逻辑框架，或许能够帮助我们进行有关价值抉择的思考，让选择回归于价值的本质。阳明先生的社会理想与道德实践有他的时代特征，是面向农业时代的社会秩序的，属于宗法时代的社会价值梦想。等级森严、教育稀缺是那个时代的社会特征。现在是知识资源普及和社会结构扁平化的时代，在这个时代里阳明先生的思想如何发挥其价值，就成为我们需要思考的问题。

阳明先生曾经把他"致良知"的思想归纳为著名的四句偈："无善无恶心之体，有善有恶意之动，知善知恶是良知，为善去恶是格物。"以此指导学生理解《大学》格物致知的具体实践路径。阳明心学的入手之道，根据个人资质可以有顿悟和渐修两种，阳明先生自己可以说是通过顿悟入道的。他的开悟特别像禅宗的明心见性，经历千辛万苦、九死一生，在一个对仕途人生心如死灰的时机，对一切都无可指望的寂静环境中，忽然触发灵感，发觉自心天然的功能与圣心并无二致。阳明先生的这条道路在世俗中只有极少数的人有机会走通。所以，对于阳明学说"致良知"的具体实践，他自己的弟子们很少真正入门。其中一个重要原因在于，阳明先生自己曾经花过很大的功夫往来于佛、道之门，汲取了很多有关心性修证的养分，但是翻过身来阳明先生又批评佛道的"功利之心"（圣人之学日远日晦，而功利之习愈趋愈下。其间虽尝瞽惑于佛老，而佛老之说，卒亦未能有以胜其功利之心。——《拔本塞源论》），这实际在一定程度上也堵住了他的弟子们通过顿悟进阶的道路。

另外，阳明先生对于渐修的道路也并没有讲清楚。关于"为善去恶"，关于"惟以成其德行为务"，对于后人而言也还是有待解决的课题。如果对于善恶、成德的学理不讲清楚，那么对于试图通过实践来提升认识的弟子们来说，实在是容易进退失据，而不知入手的"把柄"在何处。在阳明先生的四句偈中，描述良知本体的第一句"无善无恶心之体"，是远离所有逻辑思维的状态，如果没有禅修的经验则很难体认，这需要"上根利器"的智慧。后三句是良知的实践，良知之所以为良知，善之所以是善，如果没有把握价值逻辑是无从入手的。因为日常实践的道路，每一个时刻都面临着抉择的必要。

在现代社会发展环境中，功利主义伴随着工具理性的发达已经成为一种趋势,每个人生存中的具体问题更加显得尖锐而复杂。简单用"良知"的概念去指导每个个体的选择,很难让人得其要领。真正的道路是不可能远离功利的,适当的功利的成就恰恰应该成为德性的诠释,正确的道路是帮助试图改善的群体把握完整的价值观和价值实现的路径。价值判断能力和价值实践能力,是经营者"成其德行"的真正起点。

四、组织可持续经营的路径及其原理

1. 东方水式管理的实践与探索

《道德经》的水德之喻,在很多领域都产生了深刻的影响。建设具有水德的组织,也是经营实践的一种梦想。无论什么类型的组织形式,都需要依据条件而形成。水虽然有种种的美德,但它却是无情之物,而人类是有情感和价值观的。要让人所构成的组织具有水的德性,终究要解决人的问题,以此实现各种价值,这是人类有可能进行的创造。

"上善若水"基本上可看作一种人格修养理想的隐喻,具体能够做到它,需要付出很多自觉的努力,而难点在于人性。"三军可夺帅也,匹夫不可夺志也。"改变人性可谓世界上最难的事情之一,人类组织的所有难题都是来源于这个背景。那么,根据价值逻辑的辩证法原理,我们是不是能够构建一个组织,使其在某种程度上达到或者接近水的特质呢?从"四德"即"元亨利贞"的辩证法抉择空间来看,确实存在一些可以理性抉择的空间。

事实上,在现代成功运营的企业组织模式中,被誉为"日本经营之神"的稻盛和夫创造的阿米巴经营模式,已经非常贴近于水式管理的思想。目前这种模式在很多行业的应用都取得了相当不俗的业绩。而稻盛和夫经营的京瓷、KDDI 等企业在经历全球经济危机、金融风暴等恶劣环境条件时,都保持了较大的活力,取得了连续 50 年企业利润率不低于百分之十的惊人业绩。稻盛和夫用他的思想挽救了濒临破产的日本航空公司，仅用一年就将其变为当时全球利润水平最高的航空公司。

阿米巴经营模式构建的出发点之一，就是增强企业对环境需求的适应能力。阿米巴是一种单细胞原虫，因为单体很小且复制力强，作为群体具有十分强大的环境适应力。稻盛和夫受此启发，对组织功能模块进行细分，将功能模块划至最小，然后用内部交易规则将独立的组织单元连接起来，通过透明化经营流程，对成本和效率进行持续优化，形成适应性强大而全无累赘的组织形态。

水式管理最大的问题是单体的能力、自由度往往与组织的目标难以自动达成一致。这是水德无为和人欲有为之间存在的矛盾。不同的利益主体之间的竞争，往往是组织内耗发生的主要原因。稻盛和夫的阿米巴经营模式能够有效地达成内部的和谐，让多如细胞群的组织有效合作起来，难点并不在于组织结构以及运营流程的设计，而在于组织之间协同关系的顺利形成。由于这个关键难点的存在，很多学习阿米巴经营模式的企业都难以达到真正意义上的成功。稻盛和夫解决这个难题的真正修为功夫，在于他自己的"了无私心"。他对他的企业同僚们提出了一个具有持久生命力的问题，非常类似于禅宗参禅的话头："做人何为正确？"这个问题在面对一切具体问题时，并没有什么被设定的标准答案，但对这个问题的思考却能广泛有效地解决协同中出现的问题。稻盛和夫在被问到怎样面对管理过程中没有先例、进退两难的问题时，沉吟良久，然后回答道："这时候就要看自己有没有私心。"对这个问题的思考，毫无疑问涉及价值经营的"元"层面。

很多企业随着事业的成功和组织的壮大，往往不可避免地呈现出机制的僵化，危机随之而来——这几乎成为一种共性的瓶颈。一些先进企业的领导者不断设计新的机制去打破旧有的格局，顺应新的变化，这也是水德的一种发挥。但关键作用发挥的核心在于领导者本身具备洞察力、危机感和抉择力。这些能力是阳明先生所说的"致良知"的能力，良知在《周易》中属于火的德性，它是理智的层面。组织问题根本性的难点在于：什么是领导者的价值建设愿景？怎样让领导者的理智成为组织整体的德性？怎样能够获得组织能力的可持续性？

2. 企业修炼的必要与基本方向浅谈

水式管理的企业组织很难被某位领导者仅仅通过制度创造出来，因为它的形成涉及企业整体的修炼。组织修炼是指组织在"元亨利贞"四个方面进行整体价值水平的提升，包含了组织对于道德仁义礼智信的总体融合。而制度仅仅能够得力于"义"的层面。水德的功能特性，对于组织而言，是持续渐进磨合而有的一种组织核心能力。企业的这种修炼在一个仅仅建立于资本交易基础的环境中不会自发地产生，而是需要通过激发人的善心，通过出自真诚的心灵引导而产生。这也许是企业领导者在企业生命形态的发展中最具有价值的一种责任。这种责任的担当，需要领导者自身具有在德性认知和实践层面的高度。所以要创造美好的组织，实现真善美的经营，企业领导者自身的修为是第一决定因素。

企业如何修炼是目前企业界很多领导者都在关心和致力探索的问题。如何认识企业经营之道，如何驾驭企业经营之术，这是两个被关注的核心问题。

企业经营之道，首先是企业的战略出发点，它属于"四德"之"元"的范畴。孔子称之为"善之长也"。意思是它是后面所有"成物之功"发生的总体决定因素。这个出发点所处层面的高度，对于企业、企业家的最终结果有着决定性的影响。

过去的工商业者在中国社会地位低下，长期处于谋求生存的社会边缘，难以在较高的层面承担社会责任。即便出现过儒商群体，但是由于历史环境的影响，相关群体对于社会责任的担当也是十分有限的。这些工商业者长期经营所处的道德层面，比较好的是处在"义"的层面，能够做到公平、诚信、合情、合法就算是"有义"。但是这个层面德能的发挥，条件约束性比较强，而经营环境充满变化与压力，"义"的底线在环境的压力下往往被向下突破。这个层面仍然缺乏"德性之战略高度"的思考。比如美国社会的经济运营，未尝不是在"公平、诚信、合法"的原则下发生的。但是资本中心的运营模式导致整个美国制造业的空心化，对于技术垄断利润的过度攫取，也使得技术创新的周期大大缩短，使得所有的经营面临更多的风险。这就使得技术进步并不意味着人类生存质量的进步。

中国的商界自古崇尚义气，供奉关圣帝君。但是，当笔者在课堂上问大家能不能接受"义圣"关公的结局时，几乎没有人在关公的结局上表示"可以满意"。这里建议所有经营者思考的问题是，为什么生意界通常所崇尚的"义"层面的经营所能够达到的价值水平，依然可能是不够令人满意的。其实，老子道德序列的"义"之层面，并没有达到道德的"至善"层面。在此之上，还有"仁""德""道"等不同层面的因果逻辑以及不同水平的道德之果。

出发点的"价值基因"决定了最后的结局。对于历史的回顾和对于文化现象的因果观察，可以启发我们对所行事业出发点的深思。

重温价值形式辩证逻辑原理下的一些命题，或许可以帮助管理者得到经营思路方面的启发。

（1）没有无因之果。

（2）因果关系以价值形式辩证逻辑的链条相互连接。

（3）因果链如同河流，人们不可能两次踏入同一条河流。

（4）价值产生于从来不曾间断的因果链条，每一种价值只属于独一无二的因果链条，每一个因果链条连接着更大的因果链条。

（5）价值范畴是人类选择之自由发生在其中的范畴，人们遭遇的差异不是产生于是否违背了自然规律，而是产生于价值选择。

（6）在价值抉择的实践理性层面不承认时间和空间独立存在的假设。对于具体价值的实现而言，时空结合的"时机"是最终决定因素。

（7）价值关系是时间与关系空间的具体结合，永远具有特殊性。

（8）关系源头的价值特征（关系基因）将影响结果的价值特征，缺损的因不会产生完美的果。

从价值逻辑及其命题系统进行的理性观察，可以帮助我们理解因果发生的逻辑，也可以推出经营结局的优化途径根本在于道德理性实践层面的提升。在"义"的层面的不足，需要到"仁"及以上的层面去寻找以弥补。

认识价值逻辑的不同层面，并找到拥有无限发展可能的价值空间，才能够获得推动组织同心同德战胜一切困难的力量源泉。这要求领导者发自内心地真切认识到自身的领导价值和责任，并落实到实际的行动中去。这也是企业领导者最有难度的修行。

被誉为"日本经营之神"的松下幸之助从第二次世界大战后民众无私出力修建庙宇得到启发，悟到了经营出发点的重要性。他在最困难的条件下坚持不解雇任何员工，从而改变了日本整个工业界的劳资关系，为日本工业的持续进化和迅速超越奠定了基础。

另外一位被誉为"日本经营之神"的稻盛和夫，是阳明心学的实践者。在经营中他首先问自己的是在从事的工作中有没有私心，如果是为了私利就坚决地放弃。因此，他在企业内部交易系统的构建中能够成功地克服重重困难，发挥企业整体的进化活力。

任正非先生在资本和财富的诱惑面前保持了罕见的理性，他在华为只占有极少的股份，从而为"人多力量大"的同创共享留足了空间。

从价值层面的出发点来看，这些领导者都不同程度地放弃了在"义"的层面下理所当然并唾手可得的局部利益，选择了更为有意义的"仁""德"作为自己的价值核心。在道德实践理性层面，他们向上突破了"义"的层面的局限性，使他们的成功不同凡响，而且具有持续的生命力。

在"仁"之上还有"德"的层面。这个层面是"仁"在范围上的完全展开。不仅仅人需要关爱，乃至于对一草一木等所有生命，都应有同样的尊重和接纳，这是人类精神生命在现实中的全局性升华。庄子的《齐物论》深刻地反映了中华民族在"德"之层面的认知理性和实践理性。面对他们的时代与环境的堕落，老子与庄子都采取了遁世的态度。而另外一种具有出世与入世并行无碍之精神的文化，来自大乘佛教。中华文明能够接纳并吸收这种文化，原因在于中华民族在道德理性层面具有深厚的智慧基因。大乘行者对外以救度一切众生为己任，对内则以破除我执和无明为实务，发起觉悟众生的决心。这与《大学》"明明德于天下"的圣贤宗旨不谋而合。在这个层面，其具备了平等的"上德"的特征。

"德"的层面之上还有"道"的层面。回归"道"的层面，又需要回到具体的人的究竟价值实现。在文化表达上，这是认知理性和实践理性合一的极致，是道德的认知和实践结果达到"至善"的层面。这个层面的理想表达和实践路径，是在中国儒家经典《大学》的开篇被提出来的。"大学之道，在明明德，在亲民，在止于至善。"这种人生发展理想从价值逻辑视角可以得到这样一个解读：究竟完善的学问实践途径，在于明确掌握道德价值判断的基本方法，在于把道德价值判断落实于生活中的切身实践，在于把道德认知和实践推进到完善的极致。在价值逻辑实践理性的视野里，《大学》的陈述并不是一种纯粹的理想，而是有原理可认识、有方法可借助、有阶梯可攀登、有事实可印证的东方实践性理性表达。

回到水式管理的议题，水式管理的真正精髓在于组织"明德"的修炼，这是组织道德实践理性的整体提升。在这个方面的知行合一是组织生命和管理实践最深远的价值所在。东西方的圣者们本质上具有人类共通的价值指向，这些价值指向是承担现代社会责任的经营者们应有的发展方向，也是获得基业长青之推动力的无穷价值来源。中华文化道德认识体系，是世界文化史上罕见的具有价值关系识别方法论的逻辑体系。

憨山德清禅师"德者，成物之功也"的定义，与《周易》"天地四德"所构成的方法论，是我们在现代管理理论丛林中识别正确价值方向的有效指南。在这个哲学体系中，事实与价值从来不是孤立的，道德也不仅仅是形而上的抽象概念，而是与我们每一步的生活和管理抉择所要达到的真善美息息相关的智慧。贯通了这一层道理，或许"君子好德胜于好色"将不难在从事经营的部分觉悟者中形成气候，这样水式管理的理念也将不再是难以企及的实践目标了。

五、超越资本经营观的企业家价值选择观察

1. 经营者与员工的价值关系——"亲民"的次第

价值创造反映于美善之关系的创造，这是经营的本质。对此有深刻认识的企业家，都把对员工的关照放在了对市场关照的前面。这是在"明明德"的立场下，对于"亲民"的次第的认识和选择。在资本运营环境下，首先对此产生认识的是两位著名的"日本经营之神"，一位是松下幸之助先生，另一位是稻盛和夫先生。松下幸之助先生改变了把人视为"人力成本"的观念，因而改变了整个日本的劳资关系，宏观上开创了日本劳资关系的新时代，助力日本在十几年中实现了经济腾飞。稻

盛和夫先生也同样是把企业员工的利益放在经营的首位，创造了全球范围的经营奇迹。他们的企业文化本质上都是以价值关系为中心，从而成为经营领域的引领者。

国内的著名企业家宗庆后先生、于东来先生也是"亲民"理念的实践者。宗庆后先生在经营中与外资斗智斗勇，守护民族品牌，已经是抵御资本诱惑的佼佼者。而把不解雇四十五岁以上的员工作为企业的一项管理原则，则把这位经营者从"资本家"的俗流中超拔出来，成为中华文明"亲民"理念的实践者。他对于员工、对于合作商、对于消费者的很多担当，在他去世之后才为社会所知。宗庆后先生是一位远离了低级趣味的经营者，是一位真正具有价值创造理性视野的经营者。

于东来先生的经营理念在东西方商业圈中可能是独树一帜的，这来源于他自身独特的信念背景和对于幸福的体悟。他把商业利润的百分之九十五分给员工，不追求公司的强大，而是追求参与者的幸福、理性和生活的品质。他的真诚与爱心感召了全体员工、消费者乃至所有当地人，从此可以不谈竞争战略，也没有竞争对手。这样一种经营模式和经营理念，反映了中华文化"明明德"与"亲民"知行合一的基本精神。胖东来也许可以被视为未来幸福社会生活形态的一粒种子，所到之处便会有幸福生长出来。

2. 华为"元"层面的战略性价值关系选择

关于华为的合作效率、任正非先生的领导理念，在网络上已经有很多信息。任正非先生在诸多战略"元"层面的价值关系选择，是视野远高于资本计量的定性判断。下面是笔者观察到的华为令人印象深刻的经营立场。不做过多分析，记录下来供读者观察和思考。

· 永远向先进者学习；

· 在提升基础能力方面不惜代价；

- 拒绝上市，免于外来资本的干扰；
- 分散股权以汇集同行者；
- 让具有贡献者都获得应有的回报；
- 不惜代价坚持独立自主的发展路线；
- 用最优的待遇换取最优的智力合作；
- 坚持民族大义，具有牺牲精神。

3. 《永恒的活火》[1]哲学浅议——来自中华文明的经营理性与愿景

张瑞敏先生提出的"人单合一"经营理念所形成的家电创新发展生态，使得海尔经营案例被纳入哈佛工商管理教学案例库。这意味着具有中国哲学思维的现代经营思想，开始进入全球工商管理者的视野。海尔集团从主动向美国通用公司学习管理经验，发展到收购美国通用家电（GEA），并仅仅用转变管理思想而大幅度提升 GEA 的经营绩效。这种转变令人不禁要问：张瑞敏先生的经营理念究竟蕴含着怎样的东方思想内涵？这种理念是否真的有其先进之处？这种思想方式对于中国和世界工商业的未来发展，是否存在某些特殊的意义？

张瑞敏先生对哲学的广阅精思在企业家中是罕见的。而他的管理实践，则充满了中国哲学的立场与特点。张瑞敏先生研读《道德经》几十年，深深服膺老子对于世界存在状态的认识。对于最核心的一点，他总结为"混沌和不可控"。按照老子的归纳，正确和理想的管理应该与"无为"相应："无为而无不为"。不仅要放弃控制，而且要实现经营的一切功能，这似乎是一对不易调和的矛盾。然而，海尔已经走出了这样一条事理合一的道路。

---

[1] 《永恒的活火》一书的作者为张瑞敏，该书展现了他对中国企业管理之道与实践的探索和思考。

第六章 德学学理视域下的经营者修养

张瑞敏先生的理想不是打造一个商业帝国。他通过广博的历史阅读，已经发现历史上所有的帝国都不可持续。不论帝国的君主多么伟大，其身后都只剩荒芜。以这个认识为基础，张瑞敏先生的思想反映出一种中华文明中独有的"止于至善"的实践精神。要让企业基业长青，必须走出历史上"帝国兴衰"的老路。于是在广泛的哲学观察中，《周易》生生不息的哲学思想，为张瑞敏先生提供了一个中国文化独有的思想模型。

生生不息之理想的管理形式如何描述？张瑞敏先生引用了《周易》中乾卦上九"至善"状态的卦辞描述：群龙无首，天下大吉（原文：用九，见群龙无首，吉）。这个卦辞所反映的现象是一群高明而无为的觉悟者，不需要任何人的引导，不需要帝国式的统治，而能够自觉地，从心所欲而不逾矩地相互合作，呈现出一片和谐生存与发展的生态。在这个生态中，每个人都是自己的主人而不是商业的工具。每个人都像一团活的火焰，相互引发、相互照耀而生生不息。这是张瑞敏先生希望留给世界的礼物：一个生生不息的，具有持久力的"商业生态"。在这里，我们甚至不可以用"生态圈"这个概念，因为这个生态并不存在边界。在这个生态中，每个人都可以成为自主的、自尊的，能够为社会创造价值的人。

张瑞敏先生的这个哲学实践，恰恰与《大学》中"明明德于天下"的圣哲理想不谋而合，也与康德所追求的至高道德原则"以人为目的而不是工具"不谋而合。只不过康德终其一生，并没有找到这么一条朝向"至善"的实践理性的道路。这个走向"至善"的实践道路问题并不仅仅是康德一生未解的遗憾，也是自康德之后两百多年来的西方哲学家们一直没能研究明白的问题。从这个角度可以说，张瑞敏先生开了中华实践理性哲学思想走向世界哲学舞台的先河。在此之前乃至现在，中国哲学的学理地位并没有被西方哲学世界的主流看清楚过。即使哈佛商学院把海尔的商业案例纳入教学案例库，也并不意味着相关专家懂得了其中的哲学思想。对于西方商界精英而言，海尔提供的可能只是一个与其他案例相差不多的成功实践的故事而已。

从"元亨利贞"价值逻辑判断的基本功能来看，有一些不同寻常的实践理性之功能特点，以下暂列七条以供读者作为在该领域探讨的基础性参考。

（1）"元亨利贞"是价值关系、功能关系的纯粹逻辑范畴。

（2）"元亨利贞"完成了时空合一的逻辑之"纯形式"的建构。

（3）"元亨利贞"是一套完备的定性判断逻辑结构。

（4）"元亨利贞"提供了"止于至善"的哲学形式和逻辑路径。

（5）"元亨利贞"作为关系逻辑判断的整体性存在，拥有整体性应用原则。

（6）"元亨利贞"拥有科学合理性判断的逻辑权柄，而不是相反。

（7）"元亨利贞"弥补了管理学领域关于"应然"判断的逻辑基础之缺失，是经营管理应有的逻辑基础。

张瑞敏先生的管理哲学思考，显然包含了对全局性、可行性、适当性、可持续性的深刻思考。最为可贵的是，他自己身体力行地把哲学思考变成可见的现实，并且做得相当成功。张瑞敏先生的经营思想，应和着中华文明历史中圣哲们"明明德于天下"的发展理想，把人的发展放在了经营的核心位置。同时，这种实践也应和着"人类命运共同体思想"的实践，不仅仅是中华民族文明特质的反映，也可以成为新世纪里世界工商业发展进化方向的一种引领与参考。

第七章
德学问答选

一、解读《价值形式辩证逻辑原理》范畴之间的关系[1]

1. 有关"元"的困惑与梳理

阅读了《价值形式辩证逻辑原理》和相关的研究，一直有一些困惑。困惑起源于"元"所具有的特殊地位。"元"这个价值范畴，在价值原理的理论构架中，到底拥有怎样的一个地位？在很多场合，价值逻辑的四个范畴通常都被这样介绍："元"代表整体性，"亨"代表可行性，"利"代表适当性，"贞"代表可持续性。在对"元"的含义进行完整诠释时，我们又可以看到"整体性"只是"元"的一个性质。为什么"整体性"可以用来作为"元"的代表？用来代表"元"的这个"整体性"，与用来解释"亨利贞"的概念，在选取时是否有共同的原因？还是说通常用来代表"元"的这个"整体性"概念，是不同于"元"在哲学上的完整性质的？

在价值逻辑中，"元亨利贞"四者对于一个具体关系是不可或缺、相互定义的一体。但是，我们又无法把"元"与"亨利贞"放在同一地位去看待。许多文献都表明了"元"不同于其他三个范畴的特殊地位。我们应该怎样理解代表"关系"的"元亨利贞"四者之间的关系呢？

以下是经过整理，列出的《价值形式辩证逻辑原理》一书中对"元"的相关解释（下文括号中的页码为该书页码）。

（1）第一章第三节：价值形式辩证逻辑原理（P8）。

"元"（整体）：代表关系整体性范畴，包括不同范围的关系空间。它的含义包括初始的给定条件，包含先天的决定性。现代科学发现的各种规律和所有不可改变的因素，都被归入

---

[1] 本部分是笔者带的研究生李欣然对德学学理体系的内容进行的梳理和审视。

"元"的范畴……

（2）第一章第四节：价值形式辩证逻辑原理的学理地位和方法论意义（P11）。

……"元"代表事物本身具有的先天性质、整体状态与必然性，包括人类发现或未发现的自然规律，它们的存在本来是与人类的价值需求无关的事实。但是，当人们对性质或状态等因素产生需求，而使得这种性质或状态与价值相关时，"元"就被赋予了初始的、基本的、非造作的、整体的、首要的等有价值的含义。……作为事实认知和价值分析的一个侧面，它可以理解为事物价值考察的关系空间变量，以及初始条件、先天规定性。

（3）第二章第一节：中国哲学的实践理性基因略论（P18）。

"元"：代表整体性范畴，代表各个时间当下的关系空间。
……"元"在中国文化中具有先天性、初始性、决定性、整体性、朴素性的内涵，而这些内涵本身具有内在关联性，属于具有先天决定性关系的联结。……而这种先天的决定性的发生，永远是作为一个整体存在的，是一种作为整体的关系的联结。所有科学研究发现的原理、规律，都归属于这个不可改变的先天的、整体的范畴。在这个意义上，"元"具有了哲学上的"本体""自然"和"道"的含义。"亨利贞"分别是"元"这一整体性质的特征分支……

（4）第二章第三节：关于管理学价值认知的东西方哲学观察：形式与原则（P44）。

……它可以理解为事物价值考察的空间变量，这个空间在此应该理解为关系空间，解释为所有相关因素、关系状态，并包含其中的先天确定性因素。

"元"的范畴，在认知方面可以涵盖康德哲学的先验和先天认知范畴，也就是事物作为存在以及人类认识事物时不可能违背的基本法则。……与西方传统哲学不同的是，这个"元"的范畴，又彻底是一个动态的范畴，它既不是康德不可知的"物自体"，也不是黑格尔存在论意义上的"绝对"，而是与另外几个关系范畴共同构成的一个整体，或者说另外的几个关系范畴，正是"元"这个范畴在变化中被了解、预见和选择的解释结构。

"元"的概念在相当大的程度上，与黑格尔毕生所致力的形而上的"绝对"有紧密的关系，但是它不是黑格尔的那个"绝对"概念，因为它实际上包容了面向未来的选择的自由。这决定了它的展开所包含的时间概念，与黑格尔存在论出发点中的时间概念是不同的。

（5）第二章第四节：价值逻辑原理视域下的价值中立与价值关联哲学分析（P57）。

"元"的含义具有多义性，而多义性本身与哲学中的整体性原则的关系的逻辑形式和逻辑区域相互对应。"元"的含

111

义包含了这样几个方面的意义，而这些意义之间也是相互关联的：

A. 创始，开始（词例：开元、元旦）。

B. 先天性，先天规定性（词例：天元、元气）。

C. 整体性（词例：混元）。

D. 基于整体性的首要性（词例：元首、元帅）。

E. 基础性（词例：元素）。

……"元"的含义既承认先天性（包括初始条件的给定与不可变更性）、自然规定性（规律）、客观性（不以主观为转移）的一面，又接纳作为整体的主客观世界存在变化、人类主观活动参与其中并带来变化的可能，可以说，人类关于判断和选择的自由空间也是"元"的一部分。……如果把"元"作为价值的整体的话，它还包含三个解释性的关系逻辑范畴："亨利贞"。

（6）第二章第五节：康德的哲学困境及其消解于中国德学的相关学理研究（P69）。

……"元"代表开始、先天和整体，它一方面接纳了康德纯粹理性所表述的先天决定了的因素，另一方面也接纳了每一个时间点所形成的"既定事实"作为未来的"起点"，如果把实践理性定义为实践和空间相互结合的理性的话，则"元"的范畴既是认知理性又是实践理性的范畴。而"亨"（可行性）、"利"（适当性）、"贞"（可持续性）一方面属于直观判断，决定认知理性之为理性的合法性理由，另一方面又是价值选择自由发生在其中的"关系范畴空间"。……"元亨利贞"作为关系范畴，构成了抽掉感性内容的功能表达的纯形式……

（7）第三章第二节：学术评价的逻辑原理及评价体系的构建研究（P95）。

"元"：作为认知理性的意义，在科学探索涉及不变的领域，包括代表科学研究所涉及的客观存在、先天关系的原理和规律，属于狭义科学的范畴。

在实践理性范畴的判断中，"元"的范畴直接指研究主题、对象所涉及的作为整体性判断的关系空间。这种整体性容纳了从宏观到微观的一切可能性。相关的意义大小，则完全取决于研究主体所关心的对象是什么。而对具有全局性影响的科技创新的评价体系的构成而言，则可以涵盖所有可能涉及的大小范围。关系空间范畴，正是进行价值判断的第一识别要素。

（8）第三章第三节：水式管理的价值原理与企业经营伦理层面因果观察（P108）。

《周易》的价值判断原理，对于价值层面有着非常明确的排序原则，这个排序的衡量尺度第一是在"元"层面，即整体性范围的大小（德与仁之别）……在最上层德的层面，它与道的层面互为体用，是具有理想主义特性的完美层面。【见排序逻辑对照表】[1]

---

[1] 即本书第六章表6-1，此处略。

归纳起来,"元"具有初始性、先天性、基本性、决定性、首要性和整体性的性质,这些性质是人类站在价值立场,识别价值关系、进行价值判断所必须考虑到的。

用"元"的性质(比如说整体性)去描述"元"的含义虽然更容易让人理解,但"元"的含义远不止于某种单一性质。从究竟意义上来说,"元的所指"是不可描述的,因为万事万物都处于变化之中,没有一个固定的"本质"。人类所知的"稳定""恒久"的存在也只是在相对意义上成立的。"元"的含义可以描述为一切规定性以及它们时空合一的存在。

如果要比较深入地了解"元"这个概念,对"元"的范围或许可以有一个大致的划分:一方面,它既涵盖没有人类参与的客观存在与运行的部分,另一方面也涵盖有人类参与因而涉及欲望与价值追求的部分。

"元"的范围与"关系"的范围是相当的———一切有、无、非有非无、亦有亦无都在关系之中,即使是人类没有参与的客观存在与运行,也不能否认人类早已与它们建立了牢不可破的关系。

用"整体"和"整体性"来与"元"对应,实际上是取了"元"其中的一个性质来表示。"整体"这个性质也有"全面""全局"的意思,比较具有代表性和可理解性。"元"的几个性质具有相通的地方,都是指不可改变的、被规定的存在,但这几个性质又不完全相等。而"亨利贞"则是与其对应的性质完全相通的。所以,关于"元亨利贞",可以简略地理解如下(见图7-1)。

元≈ 初始性 ↔ 整体性 ↔ 基本性 ↔ 决定性 ↔ 先天性

亨=可行性=通达性
利=适当性=和谐性
贞=可持续性=坚固性=稳定性

图7-1 关于"元亨利贞"的理解

对于不熟悉"元亨利贞"价值范畴的读者而言，用单一的"整体性"去解释"元"，而不揭示它背后的众多关联意义，似乎很容易造成人们对"元"的误解。我们可以从前述摘录的内容［尤其是（3）（5）（6）（7）］获悉，"元"的地位与范围是"亨利贞"所远远不能及的。

如图7-2所示，"亨利贞"是在涉及人类的"价值选择之自由发生"时才出场的"元"的特征分支，是"元"在动态变化中可以被了解、预见和选择的展开。"元亨利贞"共同使得关系、价值与功能具有可描述的结构性与逻辑解释性。其中值得注意的是，对于人类无法参与的客观部分，当人类有了对它们认识与审视的需求时，被人类所关注、所需求的部分就会与人类的价值追求链接在一起。例如，科学定律与定理就是对真实世界中那些人类认为是"可靠的""稳定的"现象的近似描述，因而这些定律与定理也需要经过价值逻辑的审视，才能够识别它们是否成立。

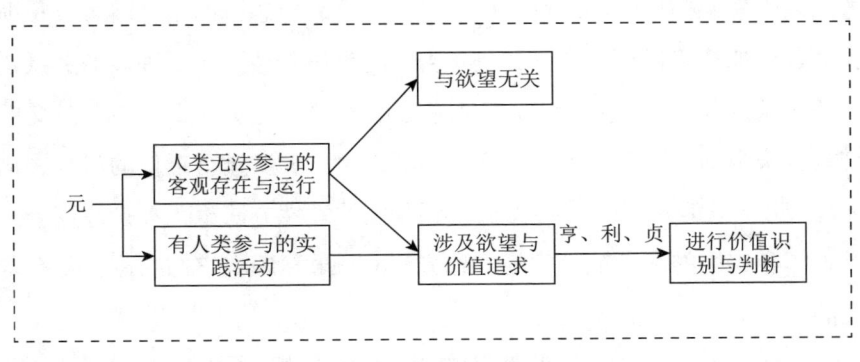

图7-2 "元亨利贞"的关系

在层次方面，"元的所指"与"德的所指"是相通的。比如前述（8）中提到的排序逻辑对照表，可以描述和衡量的层面从"德"开始，而对应的衡量尺度从"元"的层面开始。"道"是"德"与"元"的来

115

源,是不可表述的纯粹的形而上。而"德"是"道"的所成之物,是"道"的作用表现,"德"和"元"都是可以被认识和表述的,既具有形而上层面的所指,也可以落实到具体的有边界的系统。我们可以通过"德"和"元"来获得对"道"的近似认识与表述。

2. 有关认知理性与实践理性的分野与解读

人类对这个世界的认识与描述处在一种必然的"近似"之中。哪怕是人类已知的自然规律与科学"真理",也并不就是真实世界本身。这是由人类理性的有限性造成的。

目前对于人类的有限理性,存在两种推理基础:一种是认知理性,即通过纯粹理性范畴建立的认知的推理基础;另一种是实践理性,即通过关系范畴建立的实践的推理基础。在承认推理基础建立的基本原则后,对推理基础进行应用时就产生了相应的方法论。

认知理性的纯粹理性范畴最早由亚里士多德提出,相应的认知理性方法论由康德提出,即通过"质、量、关系、模态"四个范畴可以帮助我们近似地认识世界,进行"是与否"的价值判断。实践理性的关系范畴源于《周易》,相应的实践理性方法论通过"元亨利贞"四个范畴的结构,来帮助我们对"关系"、对"元"、对"德"进行近似的识别、描述与应用。无论是认知理性方法论还是实践理性方法论,都是适用于人类理解和应用的一种被简化的方式方法——虽然理解它们的逻辑是有难度的。

从涵盖范围来看,实践理性和实践理性方法论是大于认知理性和认知理性方法论的,因为实践理性包括了认知理性(见图7-3)。认知理性方法论只能帮助我们解决如何(近似)正确地认识世界的问题,对于这个问题的回答只有"是什么"或"不是什么"的答案。而实践理性方法论是一种"元"思考,实践理性虽然以认知理性为基础,但是既包含了对不涉及价值追求的客观存在的判断，也包含了涉及价值追求的价值判断。

图 7-3　认知理性与实践理性的关系

虽然人类的理性是有限理性，但实践理性却是"有限下的无限"——有限是因为实践理性还是以认知理性为基础的，无限是指实践相对于人类而言是无限的。

二、关于"元亨利贞"关系之困惑与梳理的回应

李欣然是笔者带的研究生。首先应该肯定的是，她对"元亨利贞"关系的认识和表达是经过精读和缜密深思取得的结果，总体来说是可以接受的。她的思考和分析也可以作为读者理解"元亨利贞"内涵的一个参考。但是笔者还是应该对这个问题的研究过程稍作解释。

关于"元亨利贞"的含义和它构成的逻辑，不能不说是一个艰难的问题。过去的东西方思想家们在价值理性的表达问题上经历了长久的思考，都没有获得能普遍令人信服的结果。自康德以后的两百多年来，西方哲学家们因为没有价值逻辑的哲学基因而无从入手；而中国历史上的思想家们对"元亨利贞"这个体系，则从来没有从价值逻辑的理性角度去思考。笔者自己在这个问题上的思考也经历了十年以上，其中的动力来源于自身所处的管理领域价值逻辑的缺位和面对现实问题的无力感。另外，我们这个时代又提供了无与伦比的工具和方便，使我们能够很容

易地获取各种信息，了解东西方哲学研究的进展，了解各位思想家的成果以及他们存在的疑惑。这使得我们有机会站在历史巨人的肩膀上一探历史，获得前所未有的视野和洞察力。

孔子虽然被后世奉为"儒家"祖师，但这可能是他自己没有想到过的。孔子首先是一位自然主义者，他信的是"天"，而他所求的是"道"。有两句孔子所讲的话，笔者认为不能与《论语》中其他的话语放在同等重要的位置。一句是"朝闻道，夕死可矣"，另一句是"志于道，据于德，依于仁，游于艺"。这两句话分别表达了孔子进行的根本性探索和他采取的路径。孔子在五十岁以后研读《易经》以至于"韦编三绝"，可见他在这个问题上下的功夫。而"元亨利贞"正是《易经》最为核心的价值判断原则。

孔子对"元亨利贞"做出过他的解释。他说："元者，善之长也。"这一句已经确定了这个范畴的地位是不同于其他范畴的。"元"的含义是非常广博的。这种广博，从这个字可以组成的各种词语中（元素、元旦、元帅、元首、元气等）可以一见端倪。"元"层面的探索，是面向根本性、决定性和先天性的。之所以在这个学术体系中选择用"整体性"来对"元"的含义进行解释，是带有一些站在价值立场的"实用主义"的思考。因为不能违背的根本性、决定性、先天性的作用，都具有整体性的特征。而"整体性"的意义选取，是在价值逻辑原理层面提出了这样一种可以等同于方法论的原则：在价值关系的思考中，各种关联因素是整体性存在的，这是不可以忽略的首要原则。

"整体性"这个概念，当它没有运用在具体的人和他面对的情景中时，是一个纯粹的"空"的概念，没有任何意义。只有在具体的人和具体的环境中，这个概念才形成它的意义。因为每个人认识到的"整体"实际上都不可能一样。在价值判断的"元"这个层面，对应着个人的学识、眼界和格局。从究竟意义上来理解的话，探索这个"元"的含义，是每个人一生需要去做的功课。它是一道没有边界的巨大的填空题。它的丰富和发展，对应着每个人一生获得的成长。而每个人对于可行性、适当性、可持续性道路的优化如何选择，都将是独一无二的，都会构成自己所创造的"整体性"的一部分。这也正是禅宗说"向上一路，千圣不传"的内在原因，这件事情只有自己去探索，没有人能够从外在给予。

从实践理性的立场来看，"元"就是动态存在的每个当下的关系空间。"亨利贞"正是整体性动态存在和演变的解释结构，是可以提供选择和优化的定性判断原则。"亨利贞"这三者也是有优选次序的。越难以达到的功能越值得重视。同时它们之间又是相辅相成的。而"元"层面（格局）的高度，也将决定"亨利贞"的应用水平。

三、关于"元亨利贞"认识与应用的问答

问题1：很多人，尤其是在初次接触"元亨利贞"这个方法论框架的时候，都表示它很"空"。很多人好像把很多事往四个范畴归一下类，之后就没什么可做的了。它们看上去并不像您说的那样实用，您怎么看？

答："元亨利贞"作为文化根源上的一种传承，被老祖宗放在了很重要的位置。但是可以发现，在现代文化中很少有人用到它。文化传承断掉了。那为什么要学"元亨利贞"呢？一方面，中国哲学需要拥有一个适当的学理地位；另一方面，其实老祖宗讲的事情也没有离开具体的生活环境，只是用的概念与现代人用的不太一样。当我们完整地考虑一个价值判断时，"元亨利贞"为我们提供了判断结构。

但是千秋万代大道也自然运行着，大家不懂"元亨利贞"，不也过得挺好的吗？差别在什么地方？在有没有文明的区别。就中华文化的文

明品质而言，中国人对于自己的文化目前所处的地位其实是有更高期待的。中华文化本来是高屋建瓴的，在哲学领域拥有的高度如同群山中的喜马拉雅。并且它的逻辑框架"元亨利贞"非常实用。我们觉得它很空洞，是因为我们在日常的生活当中没有与"元亨利贞"建立连接——几百年下来，好像我们真的与"元亨利贞"没关系了。

关系是一切价值的所在，关系是没有形态的。"元亨利贞"正是描述无形无相的关系的哲学体系。从这个层面上来说，这个框架确实是"空"的，空得不得了。但价值关系是有结构、有次序的。正因为它的"空"，所以它可以用来面对一切问题，我们可以选择合适的"材料"去填充它。就好像我们设计飞机，图纸画出来时它也是空的。但是如果按照设计用上材料，它就可以产生功能，可以飞起来。"元亨利贞"为我们提供了面对具体选择的判断原则与优化的方法，我们把具体的事情与"元亨利贞"结合起来，就会发现它功能的强大。只不过它的丰富程度取决于使用者的经验与阅历。我们需要接触实际，了解世界，丰富我们的经验和知识，不断扩展自己的眼界。做事的时候结合这个内在原则，我们就可以发展出方法论、发展出方法，并发展出方案。到了方案这个层面就不那么空了。所以"元亨利贞"是空的，但它的作用不是空洞的。"元亨利贞"是一个人一辈子在做的填空题。

问题2：学习和使用"元亨利贞"有门槛吗？

答：说到底没有什么门槛，因为每个人早已在门内了。

所有的人都会做价值判断，只不过是对价值判断的基本结构的了解程度不同，导致各自进行价值判断的完备性不同。很多人是在片面地、局部地进行价值判断。学习和成长是一个循序渐进的过程，通过不断实践，经验和知识越来越丰富，对生活的整体空间的认识（元）会不断扩大。相应地，对很多事情就会有更准确的把握。"元亨利贞"这个框架本身一开始就是空无所有的，因为使用者可能没有那么丰富的生活经验。但不断地通过这个框架去识别生活当中的事情，会发现没有一件事情能逃离这个框架。当你觉得这个框架在你的生命当中越来越饱满的时候，你的生命价值也正在越来越完美。

问题3："元亨利贞"相互定义还相互转化，它们不是一个东西吗？

答："元亨利贞"是用来表示人类价值追求的逻辑体系。你说价值是个东西吗？价值不是什么东西，但它产生于人类的欲望。如果你要追问欲望又是什么，欲望就是你想要什么。但人类想要什么往往是不能追问的，他只知道他想要。什么都要，要而不得就成了问题。所以，价值逻辑本质上就是人类关于"要"的逻辑。人类的欲望范围是很广的，对于人类欲望可以用"元亨利贞"来解释。欲望本身是很复杂的，比如有保护自我的欲望，人类的很多需求都是为了保护自我——比如抵抗饥饿和寒冷，都是为了保护生命。关于这些基本目的，就涉及能不能满足、如何满足、能满足多久、在怎样的范围内得到满足这样一些问题。我们所有的欲望都不是单一的和简单的，欲望或价值是一个具有全局性的概念。欲望或价值包含不同的侧面。比如饿肚子就要吃饭，作为食物都有补充能量的可行性，这就是"亨"；吃饭时有各种口味和食物可以选择，并且有些食物虽然能让你吃饱但是你觉得不好吃，这就是食物的适当性。对不好吃的东西，你可能会决定不吃——所以适当性与可行性是关联的。这就产生了可行性的适当性和适当性的可行性的问题。前者好比能吃饱，但好不好吃是个问题；后者好比我特别想吃一道菜，但有没有是个问题。这就是它们的相互定义，其他范畴之间也是如此。

问题4："元亨利贞"可以从普适的宏观层面直通具体的微观层面，但似乎不适用于得出具有"普适性"的"中层"管理理论模型。

答：所有的事情之所以能够如此成就，之所以符合人类的需求，不管是大事还是小事，都有它内在的价值逻辑——"元亨利贞"。它贯穿一切宏观与微观，没有一件事情能逃出它的范围，只是看我们怎么去用它。哪怕具体到一件微小的事情，只要这件事存在，就都需要具备"元亨利贞"这几个基本的条件。"元亨利贞"是一个普世的观察的框架，我们观察一件事情的存在与成就时，需要通过"元亨利贞"来观察它的关系空间。

"元亨利贞"面向的是周遍的、变化的世界，不下任何"死"的结论——因为世界上没有两件事情是一样的。它告诉我们如何在这样的世界当中判断一件事的好歹，怎么进退，这需要我们在面对具体问题时在具体的时机上下功夫。具体的判断只针对我们所处的那个时刻、那个地点，绝不会是"普适"的。所谓宏观、中观、微观，都归属于价值逻辑的同一结构。所谓"中层理论"，也只是其中一个有所限定的观察范围而已。已知的很多"中层"管理理论确实能解决一部分问题，比如提高效率与目标性，这都是特殊和局部领域的"元亨利贞"的应用。价值逻辑的应用还是需要落实到所面对的具体的问题上。而最终所有具有内涵的价值创造，都要回归到"元亨利贞"的基本结构。

问题5：为什么说"元亨利贞"既是本体论，也是方法论？

答：这与"元亨利贞"在学术体系中所扮演的角色有很大的关系。

"本体"是一个非常抽象的概念，我们没有其他东西可以描述，它就是一个浑然的整体，世间万法、一切现象都是有内在关联的。计算机领域有一个"本体"的叫法，指人和机器之间共同遵守和服从的一套规则、一套语言体系，是让机器能听懂人的话、人能听懂机器的话的一个"合约"——我们约定用怎样的算法来代表什么。"元亨利贞"其实就是大家在价值追求过程中，不可回避的共同要追问的东西。这些追问的根本都来源于人类对于自我的保护、对于自我存在的关注——价值也是从这个地方产生的。"元亨利贞"直指价值的本质，我们追求的一切价值的本身就是这样一个结构，所以它可以说就是本体论，也是人类共同的语言体系。

实践的判断是对还是错是用什么来识别的呢？为什么我可以认为这个判断是正确的呢？这也是有背后的原因的。一种关系的现象是一种稳定的存在吗？你用来识别这种现象的方法是合适的吗？这种关系的现象是可重复的吗？你说的道理在什么范围内成立？我们是按照"元亨利贞"的基本结构来判断的。所以，"元亨利贞"是用来判断"正确与否"的方法论，是价值逻辑，可以用来把握判断的合理程度。一种判断合不合理，需要大家在"元亨利贞"的框架下达成共识，自己说自己合理并没有用。

理论也在里面，实践也在里面，理论和实践是否能对应，都是靠价值逻辑来判断的。

问题6：为什么说认知理性只能进行"是什么"的判断？科学研究不是也能解决"为什么"方面的问题吗？

答："是什么"和"为什么"本质上属于不同的逻辑体系。"是什么"归属于认知理性逻辑体系，"质、量、关系、模态"构成最基本的认知理性判断原则。这四个范畴决定一个事物是它，而不是别的。比如一杯液体，可以通过质与量的关系（密度）来确定是什么液体，但你选择倒掉它还是喝掉它，是无法通过认知理性逻辑的基本原则来判断的。

认知理性判断原则解决"为什么"的问题时，也是基于物质特性来给出解释的，比如"为什么水存在三种形态？"，认知理性逻辑能够给出的答案，是一些本身就存在的现象。而对于"为什么0摄氏度以上的水就是液态？""为什么量子会纠缠"等这样的问题，认知理性逻辑就无法给出答案——因为它就是这么存在的。这部分存在归属于"先天决定性"（元），对于这部分存在的解释，建立于经验基础之上，而经验本身为什么会这样，认知理性逻辑是解释不清楚的。这些被决定的存在，我们无法破解，只能接受，并在接受的基础上按照价值判断的逻辑范畴"元亨利贞"来选择我们要走的道路。

另外，由于科学所依赖的逻辑体系的有限性，科学本身也是有盲目性的。人类大量的科学创造都服务于战争，科学主义不知道用来判断科学应用合理性的权柄在哪里——其实就在"元亨利贞"。所以，我们有必要恢复中国哲学的历史地位与话语权。

问题7：将"低利润但经营时间持久"和"无所谓经营多久但能获得高利润"相比，为什么说持久经营才是最优策略？

答：一般来说，活得久的企业有一个特点：它的产品面向人类的长久需求。与客户建立了这样的连接后，哪怕利润不太高，也可以长久地经营下去。有些企业在短时间内通过某些途径赚了很多钱，这当然没有问题。或者赚钱后能做有益于社会的事，赚多少钱都让人赞叹而不嫉妒。

货币起流通的作用，建立于信用的基础之上。有很多钱相当于有了很多通向世界各个资源渠道的路径，也是一种人与世界的连接。其中的信用（比如用的是真钱而非假币），是与"元亨利贞"的"贞"相对应的。钱作为人生价值实现的一种途径，为人们提供了一种方便的流通通道，但钱不是创造幸福的根本路径。

我们自己的人生价值是存在于何处的？是存在于钱之中？还是存在于自己和世界的连接之中？我们有钱时可以建立怎样的生存空间？很多很有钱的人，不一定过得满面笑容。因为价值不是存在于物质之中，而是存在于关系之中。你看很多人有了钱后还要求名气，求权力，乃至于还要求流芳百世，实际上求的是与这个世界的关系的连接。关系连接的品质，要用"元亨利贞"去看它。

问题 8："元亨利贞"四者之间有地位差异吗？同一种是不是还有不同的层次水平？

答：在"元亨利贞"这个价值结构里，是有重要性差别的。孔子说"元者，善之长也"，就说明了"元"的首要地位。从哲学领域来看，整体性（元）就是最高原则。"元"还表示初始性，比如我们的生身父母就在我们出生的那一刻被决定了，是一个无法被改变的客观事实。"元"的先天性体现为无可违逆的自然规律。这些规定性已经决定了什么事情能办成，什么事情办不成。比如我们永远造不出永动机，这没得商量。"元"这个条件就有最要紧的力量，所以我们有必要明白和发现一些已经被规定的、不可改变的事实，并运用它们来帮助我们获得成就。

其次是"贞"，这是最接近先天性的一个概念。因为一切诸如自然规律这些先天的存在，都是"永恒"成立的，具有可持续性的完备性。"贞"和"真"是相对应的，一个东西一直坚持那个样子，所以它才是它而不是别的什么。比如我一直坚持和实践自己说的话，这就叫作"真话"，三天两头变的就不叫真话了。"贞"很有力量，比如天才先天就与道相合，所以做事一做就成。而你想做成一件事情，如果在一开始条件不够，是需要你去坚持的。坚持做，一直做，其间不断优化自己的行为，也是可以逐渐与道相合，与天才平起平坐的——能坚持做下去的事情，会更接近自然与道的本质。

再往下排就到了"利"，因为可持续性与适当性相连接。比如一件事情做得没有什么不舒服的地方，自然可以做久一些。排在最后的是"亨"，它指做一件事情的途径可以有很多，但是有价值品质的差别，是需要选择的。

问题 9："道"的不可表述是指"道"不可知吗？

答：一切现象都在运动之中，运动的背后有一个推动的力量。讲这个"背后"的意思就是说我们看不见。看不见的东西可以被表述吗？一切自然规律都没有样子，依然可以被表述。它们在一起起作用的时候，我们就把它们称作"道"。道可以用有限的语言表述吗？当然不能。但是我们既然给它起了"道"这个名字，一定是有所指的。但是这个所指，我们用有限的语言很难描述。但并非不可知。这个世界的存在状态我们是可以感知的，道是可以感知的，我们可以与道合而为一。所以我们文化里有见道、修道、成道这么回事。从德入道，这是一条可以走通的路。

问题10：既然像科学定律层面的关系，考不考虑它都在那里发挥作用，那明白它们的意义是什么？

答：对于客观规律的认识，属于"元"层面的价值。认识了规律，我们就有了选择的空间。盲目的人是没有自由的。自由仅仅存在于拥有选择之可能性的那一刹那。一旦选择，自然规律就会把你推向那个结果。差异产生于选择。

问题11："止于至善"为什么用"止"这个字？

答：大道的功能是完备的，它创造一切事物。我们人类虽然创造了如此多的事物，但我们的创造也都是在大自然的基础上做了一点加工罢了。我们在大道当中生活，但"天地不仁，以万物为刍狗"，大道是不管我们是否成功、是否幸福的。我们寻找成功之道、幸福之道的时候，可能面临各种各样的风险，因为成功并不仅仅依赖于我们的努力，而是靠整个天地之道的力量在推动——我们需要知道哪一条路是对的，尤其是哪些导致失败的因素是需要回避的。有所为固然可贵，但是最终要获得成功，一定要回避那些风险，也就是会"刹车"。所以，这并不意味着需要我们做多少事情，我们没有选错路是最要紧的。

"知止"就意味着我们知道到了哪一个地方就不可以再走下去了，

也就是选择什么事情值得做，什么事情不值得。虽然"条条大路通罗马"，但能够抵达罗马的前提是我们在路途中没有犯错——错误的路是有百千万条的。而我们能获得成功就只凭借一个原则："元亨利贞"的完备。它是成功的基本条件。只有正确的手段和正确的道路才会通往正确的方向，"止于至善"就是指在那些有"缺德"风险的道路上会"刹车"。感觉到这条路是错的，马上停下，能停下来比跑得快要好得多。

总之，"缺德"的路永远不会通向具有德性的结果。而只要道路正确了，哪怕慢慢走，也总有一天会成功抵达目的地。

问题 12："元亨利贞"到底是"形而上"学还是"形而下"学？

答："形而上"是指超越形态的、无形无相的对象。"形而下"是与具体形态相关的、看得见摸得着的、可以感受的对象。

逻辑是有不同的权力层次的。在整个哲学体系当中，有"形而下"和"形而上"两个层面，而在理论层面（也就是"形而上"层面）当中，还有"形而上的形而下"和"形而上的形而上"两个层面。"形而上的形而下"是指用"形而上"层面的逻辑来描述和解释"形而下"的物质世界，"形而上的形而上"则指用"形而上"层面的逻辑来描述和解释"形而上"层面的概念。

康德最大的贡献就在于提供了理性认识世界的"形而上"的概念——范畴，以此来建立判断世界的逻辑基础。"质、量、关系、模态"范畴是抽象的概念，而不是任何具体的东西，因此认知理性的范畴是"形而上"的。但是，认知理性的范畴是面向"形而下"的，因为"质、量、关系、模态"范畴所描述、判断的对象，是世间用经验可以感受、看得见摸得着的客观认识问题。所以，认知理性逻辑范畴属于"形而上的形而下"层面。

康德也想解决"形而上"的价值判断问题，但他发现无法用认知理性逻辑范畴来解决。而"元亨利贞"为关系、为价值、为功能建立了逻辑基础。它面向的这些对象看不见也摸不着，但有结构、有功能还有逻辑，只是以前无法被描述或者被详细解释，所以作为一种直觉来传授，导致走入不少歧途。它本身的逻辑构成与面向的对象如此抽象，所以它是"形而上"的。同时，"元亨利贞"既具有判断的逻辑功能，也具有判断"判断方法为什么正确"的逻辑功能，因此它属于"形而上的形而上"层面。

此外，"元亨利贞"在涉及功能时，就与具体的物质世界相结合，因为客观世界也离不开关系这个范畴，所以它也是能够与"形而下"紧密连接的。因此，"形而上的形而上"并不是空谈。

可以说，东西方哲学相结合才形成一个完备的哲学的逻辑结构。

问题13：为什么说"元亨利贞"是"理性的实用主义"？

答：其实"元亨利贞"是理想主义和实用主义完美结合的哲学形态。美国实用主义思想家约翰·杜威的实用主义，就讲要不断行动、试错，来找到正确的道路，提出只有正确的方法才能达成正确的结果。但什么是正确？整个西方思想体系都无法做出判断。西方的价值观来源于宗教，上帝怎么说就怎么做，这是不需要逻辑的，剩下就是试错。而中国的哲学体系告诉我们，按"德"的完备的方向努力就是"善"的、"不缺德"的，是可以保障成功的。其中当然可以有"至善"的理想，而"至善"之理想的实践道路就是"元亨利贞"的完备——这又是很实用的，因为德全的事情没有不能成功的。这让我们在试错的道路上，可以有价值选择的逻辑判断。

问题14：理性一定是超越感性的吗？

答：有超越也有不超越的。感性是非常直接的，而理性是间接的。但是理之所以称为理，是因为其中有一层坚固的关系。比如自然规律，比如价值逻辑，是有规定性的，是人不可能超越的。所以人如果不企图去超越规定性的话，就可以节省很多力气。但是理性本身是"干"的，它本身不是任何事情，它必须用到事实当中才能够起作用。而在事实当中，理性的选择和应用就能提供帮助。而真正起作用的地方一定在感性之中，因为价值产生于直接的觉受。我们判断这个世界的哲学范畴，不是通过逻辑和理性建立的，而是通过整体性的直觉建立的。科学的逻辑范畴"质、量、关系、模态"的提出就不需要推理，它是通过直觉获得的一种归纳性判断。我们认为科学判断以这个范畴作为逻辑基础是可靠的。

所以，逻辑源头的东西不是逻辑，而是我们的直觉，直觉的位置很高。但是对于刚性的道理的认识，又是我们要重视的，这是感性获得的最重要的成果。理性来源于感性，最终理性的应用要回归于感性，因为感性正是关系和价值所在。

那么感性比理性更贴近实践吗？其实实践本身就在感性当中进行，但是实践也不能脱离理性。当有理性的时候，可以免于做很多无谓的事情。

问题15："元亨利贞"面向未来的预测功能，与已有理论和工具的预测功能有什么不同？

答："元亨利贞"所提供的预测功能是所有预测功能所依据的一般原理。之所以能够预测未来，是因为我们观察的事物当中有一些可持续因素。所有的预测都建立于对可持续因素的预见，不管是用什么样的算法，它预测时所依据的原理都是"可持续性"这一个原理。

比如说人工智能正在代替各种各样的劳动力，因为目前这个社会环境下我们的工作量是有限的，并且已经有一定的稳定性了，所以我们可以预见很多人会失业。就是这么简单的预测。那些始终在变化当中的东西，逻辑上、理论上没有人能预测，只有那个有可持续性的东西可以预测，因为有一些线索是贯穿不变的。世界上有很多预言家可以看到未来，但因为预言未来不是一种普遍的能力，所以大家也是将信将疑。越是预测的东西越是不能精确，比如说天气预报虽然现在准确率高多了，但还是很难做到精确。大数据也是利用一些可持续因素来识别未来的。

"元亨利贞"作为方法论的一个好处是可以告诉你自由之所在，因为这个世界不是被规定好的。在这样一个有一些可持续因素持续存在的情况下，人类的价值选择还存在适当不适当、可行不可行、全局还是局部的问题，有这样一些影响选择的因素。那么，哪些是重大的呢？人类真正的需求是什么？有没有推动这种需求实现的力量？这些都可以观察。一种因素只要它持续存在，就会有机会发展。本质上"元亨利贞"讲的就是人类所追求价值的结构，价值追求是人类一切行为的本质。我们的一切代价，都为这个价值结构付出。所以其他一切预测的本质，也不外是对这些价值要素的观察。

问题 16：为什么历史上总是出现野蛮战胜文明的现象？

答：按照价值逻辑来看，从来都是强大战胜弱小，而不是野蛮战胜文明。只不过文明给人的感觉是美好的，它的逝去会给人带来更多的伤痛。那些曾经战胜文明的野蛮也最终被战胜了——难道一定是更野蛮的存在战胜了它们吗？文明是美好的，也可能是脆弱的，并不是文明有什么罪过，而是文明如果弱小是会被消灭的，自强才能真正强大。

问题 17：中国文化是不是没有"逻辑"？"天圆地方"是不是古人的错误认识？

答：近年在网上经常看到"中国逻辑"的说法，多半是带有讽刺的味道。其实我们是可以看到中华文化自带的真实逻辑内涵的。而谈中国文化的逻辑，不得不涉及构建中西方哲学的基础的问题。哲学本身已经很高深了，而哲学还有自己的地基，我们称之为范畴。范畴是构成逻辑基础的更为基本的概念体系。中西方哲学的范畴是不同的，康德讲，范畴是用来判断一种物质对象的基本特征的一个概念。这个概念可以用来支持任何对象是它自己而不是别的，是一个囊括一切物质世界判断的一般性概念。"质、量、关系、模态"是构成科学哲学基础的关键范畴，这些概念在判断物质世界"是什么"的问题上是缺一不可的逻辑要素。当然，在这里只是简洁地介绍一下，康德对这四个范畴的论述并不是这么简单的。

那么，西方的科学哲学有逻辑缺陷吗？其实是有的，"质、量、关系、模态"之中是没有时间的——康德专门对时间进行了论述，但也不知道怎么才能把时间放进去。康德把时间归为主观因素。然而矛盾产生于变化，万事万物都在变化，但是康德的哲学体系是无法接受矛盾的。黑格尔从现实立场接纳了矛盾，认可矛盾是这个世界存在的基本状态，由此开辟了辩证法这个理论领域。只不过黑格尔也没搞明白时间与空间结合的方式是怎样的，他其实也是门外汉。但中国哲学中却早已出现了时空结合的哲学思考。

"元亨利贞"就是中国哲学的模型，把时间与空间结合为一个整体，由此成就了实践理性的哲学内容。关系没有确定的形态，关系很抽象，所以无法用认知物质世界的逻辑范畴来描述。但是关系又有内在的逻辑、有判断的方法。"元亨利贞"这个模型正是用于描述和解释关系的内涵的。而关系与每个人的选择判断息息相关，所以中国哲学拥有西方哲学缺乏的"识好歹"的基本逻辑。

那"天圆地方"这个观念是怎么产生的呢？其实它讲的是世界的运动有其性质也有其作用，对应着我们应该如何在其中生活的方法。天上的星宿在不断地运转，无终无始，这就是"圆"，"圆"的特点就是周流不息。而"地"是有方位的，以我们的立足点为基本的原点，可以看到太阳东升西降，所以方向是能反映关系的。"方"指的就是方位的性质。圆以周流不息，方以定位成则。"天圆地方"是一种纯粹的实践理性的判断，因而是中国哲学实践理性的一种关系的表达。

比如说下班回家，家在上班地方的东面一公里，我该怎么回家呢？当然往东走就行了。但是科学告诉你地球是圆的，我们一直往西走，绕地球一圈也能走回家的——但没人会这么做。这就是价值判断。实践理性的"合不合适"和认知理性的"是与非"的逻辑是不同的。中国文化的实践理性有自己时空合一的逻辑，中医学、预测学等都是来自这个逻辑体系，并不是很多人以为的"盲目的玄学"。

问题 18：到底是人性本善，还是人性本恶？如何看待性本善和性本恶之争？

答：什么叫本善？善的基本特点是什么？是价值功能的完备。几乎所有人本质上都有追求安乐的本能，所有人都希望自己安全一点、舒服一点，活得长一点。这就是对于德性完备的需求——这是善。我们求的就是这种善。

什么叫本恶？本恶是讲人性是有偏狭、有缺陷的。比如说，你喜欢吃凉的或者暖的，这就是一种个人的偏性。偏性就是不完备性，有的东西你适应，有的东西你不适应。人们有对于安乐的追求，但是经常得不到，这是我们天性的偏狭导致的。

所以人有善本，也有恶本，不过善本与恶本所处的层次不同。虽然说"本"是先天所赋，但实际上恶本是出生之后才有的——已经是后天的了，是一种"次一等的先天"。后天是可以通过努力来改变的，天生的偏性是可以克服的。但是追求善、追求舒适、追求美和追求完备的本性，是不会改变的。我们都想要回归善的本，因为没人愿意吃苦，哪怕是吃苦也不是白白吃苦——也是为了自己和他人更长远的安乐。所以究竟来说，善和恶哪个是本？

问题 19：为什么年轻人更应该学习德学？

答：因为年轻人有更多的未来，有更多的价值可以创造。当大家都明白如何"识好歹"，社会就会越来越好。"识好歹"就是决定这一生应该走什么路、怎么说话和怎么做事。孔子五十以学易，他看的是什么？就是判断自己在当下现实中应该如何去思考和进退。他最后做到了从心所欲、进退不逾矩，达到了与自然法则、自然秩序毫不费力地相合的境界。所以孔子最后成了圣人，而判断的依据就是"元亨利贞"。

德学就是告诉人们如何"识好歹"、如何走上幸福的道路。年轻人有无限的可能，按照德学的方法和实践，学习如何"止于至善"，把生命优化到极致，是可以有一个非常好的未来的。这就是"从胜利走向胜利"，年轻人抓住了这个要点，将来也不会比孔子差。

问题 20：在选择未来的道路上，什么是最重要的？

答：从实践角度来讲，最重要的是把握好时机。什么是时机？时机就是你走到一个时间点上，选择做什么和怎么做的机会。"机"就如同你走到十字路口，可以选择往哪个方向走的档口。把握好机会，选对了方向走下去，自然规律就会把你送到理想的目的地。大的时机一辈子有那么几次，小的时机存在于每一个刹那。重点在于：你在每一个刹那是不是都能有一个正确的选择。一旦选择了，就会产生相应的结果。所以"君子慎独"，每一个刹那都审视自己的用心和选择，自然步步向上，善有善报，得到"不缺德"的结果。

总之，"机"代表一定程度的自由，你可以选择做什么来建立与世界的关系。你与世界建立的关系的品质比较好，就会得到好的结果。

问题 21：怎么从德学的角度理解中庸？

答:《中庸》在最后告诉我们，中庸是不可言说的，因为中庸太精密也太微妙了。中庸其实是"止于至善"的一个根本原则——但如何"止于至善"却从来没有讲清楚。懂得了"止于至善"的标准是什么——也就是"元亨利贞"，就会明白中庸的妙处。因为"元亨利贞"的满足就是"至善"的境界。

中庸的"中"是指不偏不倚，它的基本特征就是平衡。平衡就意味着无所不至、无所不接纳。打个比方：天平什么时候是最灵敏的？在天平不放任何东西的时候，这个时候调到平衡，它是明察秋毫的。"中"的最大意义就在于明察秋毫。如果一个人的内在心灵是平衡而没有偏颇的，所有的是非好歹在他面前就明明白白了。所以，"中"是"止于至善"的前提和实践，也是理想人格的终极目标。

中庸的"庸"指的是恒常守护，意思是我们要保持平衡的状态。"庸"的最大意义在于我们要时时保持观察和判断的准确性。所有实践都以认知为基础，我们首先要知道世界是怎样的，我们可以知道什么——这是客观判断方面。在这个基础上，我们还要做事情，达成整体性、可行性、适当性和可持续性的平衡。它微妙在哪怕一点微小的变动，也会导致不同的结果。比如情绪的变化就会影响事情的结果，我们需要在理性上恒常地避免不良情绪的影响。

我们在理解中庸时，要与《大学》的理念结合起来看。《大学》怎么讲？"苟日新，日日新，又日新。……是故君子无所不用其极。"这是一个修行的过程、优化的过程，优化无极限。可不能理解为和和稀泥就是中庸，中庸其实是"止于至善"的修行之道。如何"止于至善"？我们有逻辑、有方法，可以认知也可以实践。

问题 22：如何从德学的角度理解康德的著名三问？（我可以知道什么？我应该怎么做？我可以期望什么？）

答："我可以知道什么"指的是一个求知的过程，"我应该怎么做"对应着人们如何可以过得更好，而"我可以期望什么"其实是指现在选择这么做之后，可以期望得到什么结果。康德很好地解决了第一个问题，用逻辑告诉我们这个世界可以如何地认识。但是他无法用逻辑证明"我应该怎么做"。

其实很多人对于后面两个问题的答案都不是特别清楚。而《大学》在开篇就告诉我们："大学之道，在明明德，在亲民，在止于至善。""明明德"就是"识好歹"，就是告诉我们要拥有价值判断力——这就是"我可以知道什么"。"亲民"对应着"我应该怎么做"，指的是我们要处理好自己与生存环境的关系，若我们处在一个相亲相敬的环境中，就意味着获得了和谐的生活。接着我们要"止于至善"，指的是我们要不断优化自己的见解和行为，不断适应环境的变化，让我们的未来能持续保持德能的完备。而"至善"这种完备的价值状态，就是"元亨利贞"的完全满足。比如，是否具备全局的视野？达成愿望的条件与路径是什么？选择的道路是否具有和谐性？自己和大家是否能持续地走在这条路上？这些都满足了，就是"至善"了。

所以这三个问题的答案是：我们要学会辨别好歹，应该把自己与生存环境的关系处理好，这样坚持走向德能的完备，就可以达到各自人生最完美的境界。

问题 23：很多人说人生没有意义，如何理解人生的意义？

答：什么状态会让人觉得没有意义？一般来说是折腾一堆事情以后，并没有达成自己的期望的一种状态。为什么想找一个舒适安稳的地方却总是找不到？很可能是因为路走错了。比如你立了一个雄心壮志，为了这个目标折腾了一辈子，精疲力竭，却发现这个对象甚至是虚无的，世界根本不是自己以为的那么回事儿。问题出在世界观上。

再比如，很多人都在通过各种途径寻找快乐，但快乐过去得快得不得了，是很难留住的，最终剩下的是不快乐的状态。所追求的东西最终不会使自己真正获得满足，如此人们得出"所有努力都白搭"的结论。问题出在价值观上——搞不清楚什么是值得的。

但那个期望的状态是什么，很多人自己都说不清楚——因为从来没有见到过。所谓的意义，其实存在于安乐之处。当身心处于安稳满足的状态时，就是一个"没有问题"的状态。比如老子讲的"民至老死不相往来"，就是因为他们没什么事情，很满足了。所有的意义都在其中，这就是意义。

安乐与满足还有一个前提条件，就是身体细胞的供养充足，没有疲劳感。在身心健康即与自己身体的关系融洽，并且与周围的关系融洽之后，还有什么意义要寻找吗？这种状态并不意味着没有意义，而是一离开这个地方就要倒霉了。所以安乐的状态对人生是很重要的，不是虚无的，是意义所在。

问题24：德学的"德"和《道德经》的"德"有怎样的关系？

答：中国文化中的"德"有很多层含义，有特点层面的含义，也有功能层面的含义，某种程度上还涉及人际关系、伦理关系的层面，涵盖面很广。在老子那个时代，是不太讲学术体系定义的严格性的。老子对"德"有狭隘、局部的应用，比如"水德至善"。但"德"在中国文化中指的是"天地之德"：天行健，地势坤。再看《周易》中有土有水有风有火，不仅仅是水，而是对世界有一个比较完整的认识与概括，是一个完整的哲学体系，包含了"元亨利贞"这四个范畴。并且水德、风德、土德、火德等不仅有特点，还具备功能。所以就特点与功能的完备性而言,《周易》中讲的"德"是更广大的。它既包含物理世界的一切现象,也包含人类世界的一切活动及其成果。

问题 25 :"求真"和"求道"之间有什么区别?

答:差别很大。比如说科学就是为了追求"真理",然而到目前为止,科学没有发现任何"真理"。综观科学发展史就能够发现,人类对世界的认识一直在改变。那么多的科学规律都是"真理"吗?从通常意义上来讲,按照一些规律原则去做事,能够获得稳定的结果,这个就被称作"真"。这个"真"归属于"元亨利贞"的"贞"中,也就是指可持续性。那么,究竟不变的道理是什么?规律本身反映在现象之中,在现象世界有不变化的现象吗?万事万物都在运动与变化之中。其实人类描述的各种规律,都只能是近似准确的,只是在某种时间和空间之下具有一种稳定性,是一种实用主义的表达。如果某个"真理"是一个究竟可靠、决定性的法则,那么世界上的一切就可以依据它来鉴定。但是我们发现的所有的"局部的"规律之间没有相互的解释性,也不能相互依靠,所以离开它本身之外,人类的语言只能是近似的表达。尤其是现代科学通过对基本粒子的探索发现,在进入量子阶段的时候,那些最基本的粒子只是一些波动所形成的波动的组合。各个波动的状态刹那就消失了,所有物质的存在压根没有绝对的稳定性。于是结论是物质世界没有本质——那什么是"真理"?稳定也只是相对稳定,比如说一张桌子的寿命可能会比我们长一点,这样就会有一定程度的可靠性,这是我们可以求到的"真"。

可是如果一个人的运气不好,过得不好,那些近似的"真理"对他还有用吗?"天地不仁,以万物为刍狗。"一切的自然规律都是我行我素,不管你过得好不好。要过好日子,这就要涉及"道"的问题。所以,"求真"就是去发现物质世界的稳定性,"求道"则是明白我们应该过什么样的生活,走什么样的道路。

问题 26：怎么实现理想的身心状态？

答： 其实理想的身心状态就是心里没事，身体没病，想办的事情能去办，这就是很好的状态。要懂得节省自己的精力，因为几乎所有的人天生带着的能量是偏性的，不是太过，就是不足，所以很难避免各种各样的小毛病。过度消耗自己的精力和能量，也许年轻的时候还看不出什么，但中年以后每个人的先天之气都会走下坡路。年轻时过度使用的身体某个部位，时间长了就会硬化，气血很难透过去，毛病就出来了。所以，所有的锻炼要以不太累为准。保持身心的柔软与温暖，头脑清明，眼睛明亮，就是好的状态。

问题 27：我们可以改变自己的命运吗？

答： 首先要明白命运是如何存在的。我们不能选择自己的父母，这就是命；我们要根据气温环境更换衣服饮食，这就是运。所以命可以说是自然环境的客观影响，每个人都有自己的初始条件，这个初始条件对每个人与自然的关系和未来的经历的影响，也就是对运程的影响，是有一定的刚性的。

但人是不会满足于像一个函数一样生活的：固定的输入形成固定的输出。可是如果自己不是"上上根器"的天选之人，努力辛苦半天，未来还是渺茫，该怎么办？我们可以学会利用"零点"的价值。在事情没有发生之前，人是可以选择走什么路线的。相当于坐标的"零点"，可以定义函数的功能。前提就是我们需要回到"零点"，学会"归零"是一种很重要的能力。一张白纸上可以绘出最美的图画。从发展潜力而言，"零点"是全德的。如果被过去走的"道"所形成的现象、观念、理论所束缚，那么命运是难以改变的。

"零点"是一个比较深刻的东西。回归"零点"需要我们从现象当中退出来，这是有难度的。不过所有人都可以找得到的"零点"，就是学会"有所为有所不为"——做那些该做的事就可以了。什么是该做的？可以用"元亨利贞"来优化抉择。

问题 28：为什么"好人没好报"的事情总是频繁出现呢？

答：什么是好人？比如说我帮过你的忙，你也帮过我的忙，我们两个关系上没有障碍，就认为对方是个挺好的人。你在你的生存环境当中与大家形成了美善、清净的价值关系，大家当然会认为你是一个好人。所以"好"取决于关系，"好"在关系的连接之中，好人形象就是这么建立起来的。同样，所谓的好人，他得到的好报就是与世界建立起来的这种美善的关系。

那恶报来源于什么地方？首先，恶报一定不会存在于美善的关系之中。人在这个世界上是有多面的、广大的关系连接的，不幸的报来源于不幸的连接。所有人都是不完美的，都会或多或少存在某些不善的连接。某些人与很多人都建立了良好的关系，大家都觉得这个人是很好的人，可他如果曾经存在一层不好的关系的连接呢？如果还存在一些有缺陷的关系没有解决好，就会带来不善的结果。这就是所谓的"好人没好报"。

如果我们的关系空间还没有达到完美的"善"，那么"不善"迟早会来找到我们。本质上不是"好人没好报"，这个逻辑不能弄错。

问题 29：北宋张载的横渠四句切合实际吗？它的实现何以可能？

答："为天地立心，为生民立命，为往圣继绝学，为万世开太平"，这四句心胸广大，眼光高远。首先，每个人的心与天地万物是什么关系？王阳明说："心外无物，心外无事，心外无理。"我们每个人看到的天地万物都是心中的天地万物，这是心的感知能力，从而与天地万物建立了关系。那么每个人感受到的天地是同一个吗？其实很难下一个确定的结论。大家对天地间的物质世界是有认同的，但是每个人的观察角度又是不同的。摄入一个人瞳孔的光，永远不会摄入另一个人的瞳孔，每个人感受到的世界是有差别的。所以用严格的逻辑进行判断，你所感受到的世界完全属于你，我与世界的关系也完全属于我，都是独一无二的，没有人可以互相替代。这也意味着我们每个人都需要为自己在这个世界当中的命运负起全部的责任。

每个人都是自己世界的唯一主人，每个人与世界的连接都是独一无二的。每个人与世界建立怎样的关系，决定权都在自己的手中，这就是"为天地立心"的意义。很多生灵出现在自己的命运之中，那么每个人与世界上的生灵、与各种各样的人建立关系的性质是怎样的，也取决于自己，这就是"为生民立命"之所以可能的逻辑出发点。比如王阳明要做圣人，他活成了后世大众一个可以参考的样子；当然也有的人活成了别人生命中薅羊毛的人。这些不同类型的关系的选择，都是站在个人的立场发生的"为生民立命"。至于"为往圣继绝学"，不是指继承已经"断绝"的学问，"断绝"的学问在逻辑上不可能继承。"绝学"的"绝"是"会当凌绝顶"的"绝"。这个"绝学"是实践理性的，具有完备的逻辑和至高的哲学观察视野，是理想主义和实用主义相互连接的具有严密逻辑和实践性的理论形态，是能带领我们步入康庄大道，从胜利走向胜利，从而超越命运的束缚的学理体系。而"为万世开太平"，是中华文化理想和价值理念的出发点。世间的生民有太多的痛苦和灾难。每个人的太平产生于何处？无不产生于我们自己与世界的关系连接之中，产生于我们要过怎样的生活的抉择之中。以"不缺德"的方式建立与自己生存环境的连接，是开出自己的太平；如果能推而广之，也能帮助身边的人一起开出太平。中国哲学的价值逻辑，是可以为张载提出的人生理念并非空想提供完备的逻辑解释的。

问题 30：对于年轻人，清净心和进取心如何平衡？

答：传统教育鼓励我们要进取，但是进取什么东西要搞清楚。清净心是平常心，是中庸之道，也是智慧之道。但是一直以来，对于什么是对的追求，科学体系当中没有产生过定性判断的方法论。那么对与错的分野和定性原则是什么？要知道所有定量判断是为定性服务的。先要看清楚什么是大事，要选择好方向。什么是人生追求的目标？自己目前可以达到什么程度？之后去看走什么道路是正确的。德学告诉我们要积极去做一切"不缺德"的事情。怎么叫"缺德"？德学有衡量指标，有定性原则。《大学》里讲"明明德""亲民""止于至善"，就是讲先要"识好歹"，再去经营好自己与生存环境的关系，不断地趋向于完善。这都是可以进取也值得进取的东西。

这里讲一个明代《了凡四训》里面的故事，让我们体会一下什么是"止于至善"。吕洞宾向汉钟离求问成仙之法，汉钟离就要考验他，说修仙需要三千善行的功德作为入门基础，我教给你点铁成金之术，你得了钱财可以去帮助穷苦的人。吕洞宾问：那么金子还会变成铁吗？汉钟离回答：五百年后当复铁质。于是吕洞宾拒绝道：我不愿意害五百年后的人，这种点金术，我不会去学。这时汉钟离非常高兴，说道：凭你这一句话，你的三千善行已经满了。

清净心和进取心是可以统一的，统一了就可以竭尽全力，无所不用其极，还有什么平衡的问题呢？所以人生不是没有意义的，是可以不断修行和提升的。说人生没有意义的，都是没有验证过"明明德""亲民""止于至善"的意义。也可以说，因为没有过上内心清净的好日子，才会游荡在得不到的痛苦和得到后的无聊之间，那真是找不到意义。

问题 31：如何通俗易懂地解释"元亨利贞"？

答：拿我们的身体做比方，"元"是父母给的基因、先天之气。出生如同炼钢时的淬火，给你定了一个型。在我们身体里构成先天之气的基本物质就是干细胞。干细胞可以生成生命的任何细胞，这就是物质层面的元气。比如小孩子容易受伤，但也容易好得毫无痕迹，因为小时候的干细胞丰富活跃。十几岁再乱折腾，疤就难消掉了。父母给你的东西一旦用完了，怎么都补不回来。所以第一原则就是减少消耗。老天早就安排好人一天花费时间最多的是睡觉。保护好自己先天的元气最重要，这是不可再造的本钱。外在的营养和方法，离开先天的元气都没有用。这就是"元"的意义。

"亨"就是可行性，如同身上的血管，把血液送到各个部位，然后吸收营养。吸收和排泄的开关不灵，吃多少都不管用。呼吸一断，人也完蛋。比如一个公司流动资金一断，马上就完蛋了。身体某个部位出问题，艾灸烤一烤，针灸扎一扎，把能量送过去，通了就好了，这就是"亨"的意义。

"利"就是讲合适不合适、和谐不和谐，做事心里有没有别扭。《大学》里讲："诚其意者，毋自欺也。"有不舒服的地方，就别硬忍着，自己骗自己。完全舒服就没毛病。怎么能舒服？不管是态度还是方法，要温柔一点，温柔了就会舒服。为什么睡觉要盖棉被，不是盖板子呢？不妨体会一下。

有人问：明知道不舒服但就是走不出来怎么办？可以试着躺平，多躺一躺。也可以看看医生，做做按摩或者咨询。也可以学学圣贤，学学大师，我们历史上还是有真大师的。选择"不缺德"的方向坚持下去，自然会改善。这个地方就要开一点智慧了。

实际上每一个细胞都会思考，不过它们的思考都比较简单。我们要用轻柔的力量、慈悲的态度和最柔软的心去安抚它们，和它们对话。我们对这个世界的认识首先来源于我们的直觉，最终还要回归到直觉当中去。直觉的地位是在逻辑之上的。培养直觉力是很要紧的，直觉力的强弱主要取决于我们的心休息得够不够。

"贞"是讲可持续性，与大道非常相应。目光短浅就是去做那些没有可持续性的事情，那些对身体的健康、社会的健康没有益处的事情。看得远就可能会做一些短时间内看起来没有"味道"的事情。比如道家的人，喜欢吃些清淡的，不去追求滋味或者营养。因为那些东西，气的活动性强，穿透性强，在身体里留不住，要往外跑。身体的门总开着，会流失先天的宝贝——我们不可再生的元气。这就会"发速而衰早"，影响我们生命力的可持续性。

问题32："一命、二运、三风水、四积阴功、五读书"，说的是什么道理？

答：这是从功能立场，也就是"亨"的角度来分出先后次序。

排第一的是命。命就是先天条件。先天条件好，就像天才一样，不费劲就顺风顺水，这就像是自然赋予的心想事成。我们在人群里可以看到这类人。

排第二的是时机。时机到了，一切条件凑齐，也顺风顺水，这也是自然赋予的力量。但这就不是那么如意了，需要等一等。

影响力排在第三位的，是拥有好的环境。用环境的力量把自己的缺陷补齐，也可以不费太大的气力，过得比较健康愉快。

第四个层面是积阴功，就是积德做好事。什么是阴功呢？就是在别人不知道、看不见的地方做功夫，慢慢修正自己，为自己建立良好的生存关系空间，这样也可以过上理想的生活。这就要辛苦一点，德不够就慢慢积累嘛。

第五个是读书，为什么排在最后呢？这是最后一个可以指望进步的事情——先把道理搞明白。但光明白道理还没有用，得干出来才行，所以排在第五位。俗话说三代培养一个贵族，不是家家都可以的。从明白道理的这一代开始算，还要传得下去才管用，这件事情就不是那么容易了。

附录一
德学与价值逻辑立场下的理论探索和应用

中国哲学视域下的中国价值管理理论体系研究

一、引言

中国价值管理理论体系，是一个基于中国文化源流和哲学精神的价值实践思想体系。这个思想体系的学术视角，是基于管理和管理学学科定义的"价值立场"："管理是价值关系的发现与安排，管理学是关于价值关系发现与安排的学术。"关于价值的定义、价值判断逻辑机能的建立以及其学理内涵，在过去发表的有关中国哲学研究的论文中已经进行了完整的诠释。在这个基础上，我们可以通过中国哲学"价值理性"的视角，对中国价值管理理论体系的构成进行学理观察，也可以对中国管理学的未来进行一些前瞻性的探讨。

在过去中国引进的管理学思想中，对于管理几乎无一例外地运用了管理的基本职能或行为来进行定义。其后果是管理学的视野往往被局限在一些比较狭窄的领域，比如现代管理科学的视野多被限制在工商管理、企业运营管理、政府行政管理等领域。这些被划入"管理科学"的领域在经历学术疆域的切割以后，不仅面临知识碎片化、丛林化的学科场景，也面临缺少价值判断的学理逻辑之困境，这不仅限制了管理学科的视野和解决实际问题的能力，也使得管理学成为一种难以与环境现实对接的学术。中国哲学实践理性的价值判断学术基础的引入，将把管理学探讨的范围拓宽到人类活动的一切领域。因此，对管理学科内涵的认识，也将突破传统管理科学的认知领域，其价值理性的渗透性涉及微观的家庭、个人的价值选择，以及宏观的国际关系建设和国家治理思想，将无所不在地显现其哲学精神和对于人类福祉的意义。这一改变将不仅改变我们对管理学术作用范围的认识，更重要的是改变管理学科未来发展的视野，增进管理学科对于人类社会发展的意义。

二、中国价值管理理论体系何以成立

（一）提出中国价值管理理论体系的原因

中国的现代发展走出了出乎所有西方经济、管理理论预期的道路，反映出中国发展的独特价值选择。关于中国发展道路的意义和解释性，以及关于西方管理学术思想中种种问题的呈现，使我们思考建立中国自身管理思想体系的必要性、可能性与学理路径。过去的几十年已经有多位学者从中国文化立场，提出了他们具有"中国特色"的管理理论。但是管理学在中国能够或者应该形成怎样的理论形态的问题，仍然处于理论的"丛林"之中。目前比较普遍的一种研究立场是从"中国特色的实践"角度，试图建立中国管理学术体系。其中"中国式管理""中国本土管理""管理中国化""中国特色管理""管理学在中国"等提法，基本上都可以归入这样一种思路。目前这条思路所遇到的问题是：本土研究的独特性如何体现中国管理理论在全球学术领域的存在价值？它们仅仅是产生于中国情境的"土特产"，还是具有管理理论的普遍参考价值？尤其是在工商管理、企业管理领域，中国在引进大量西方理论成果的同时，如何建立自身的理论主体地位？这些问题在原有的管理科学学术思路中很难找到答案。

当我们把管理科学理论构建的眼光局限于企业管理、工商管理这些狭隘领域的时候，实际上已经失去了中国文化传承下来的基本哲学立场。这个立场就是中国儒家文化中涵盖了一切领域的"大学之道"的立场。苏东水先生在几十年前创立的"东方管理学"比较好地保持了这样一种学术立场，他和他的团队认为"东方管理学"应该涵盖政治、经济、文化、科技等各个领域，覆盖国家、产业、企业、家庭乃至个人各个层面的管理问题，守护"以人为本、以德为先、人为为人"的三为原则，形成"治国、治生、治家、治身"的四治体系。"东方管理学"蕴含着深刻的中国哲学基因，以及内容庞大的中国管理理论探索、中国管理实践的历史与现实内涵。这样一个学理体系的理论视野，不仅蕴含着中国特色，也蕴含着中国风格、中国气派、中国境界、中国精神。

在本文的探讨中，笔者采用中国价值管理理论体系的提法，原因之一是中国首先要解决好自己的问题，建立中国管理理论体系的学术立场和学术空间；原因之二是这个体系的哲学基础及其视野，来源于中华文明的学术源头《周易》，是中国哲学的这个基因，推动产生了中华文明广泛而通透的实践理性视野及其在各个领域的实践成果，乃至对各种不同思想的容纳力。

（二）中国价值管理理论体系的哲学理由和历史依据

中国价值管理理论体系区别于世界其他管理思想体系的学术理由是什么？这也许是中国价值管理理论体系构建需要回答的一个很直接的问题。本文给这个问题的答案是中国哲学（为了区分中西方哲学的学理内涵，笔者在其他学术讨论中又称之为德学）的实践理性逻辑与实践理性视野。

中华文明在人类历史上是一个极其早熟的文明体系。她的早熟，集中反映在三千年前所形成的《周易》中已经非常完整地提出了价值判断的方法论原则，并把它放在《周易》最前面的位置，作为文化传承的首要内容。这个理论体系的高度，是自康德以来两百余年里，灿若群星的西方哲学家们所一直没有能够达到的。由它衍生了中华文明发展史中一切领域的应用场景，包括政治、经济、军事、伦理、健康、饮食、环境维护与建设等人类所涉足的各个领域。如果我们要给这个哲学体系进行一个哲学功能特征的描述的话，笔者借助中西方哲学观察与比较，暂且可以归纳出以下七个方面。

第一，《周易》提供了时空结合的基本理论模型，使得中国哲学成为真正意义上的实践理性哲学。

第二，《周易》提供了价值判断的形式原则，这种形而上的哲学理论建构，使得中华文明中一直没有缺乏过"守护道德的理由"以及"识别德性的慧眼"，从而使中华文明成为一种充满自立自强之理性精神的独特文明。

第三，《周易》的价值判断逻辑机能所包含的形式辩证逻辑原理，使得中国哲学成为世界上罕见的具有价值判断学理体系的哲学，也使得中国文化中从来没有出现过价值判断何以可能的问题。其哲学体系提供了饱受西方后现代主义哲学批判，而又无力给出取代方案的西方社会"事实价值两分法"哲学教条的否定形式。

第四，《周易》的价值判断逻辑机能所包含的形式辩证逻辑原理，作为自然哲学的一种"纯形式"，拥有完备的哲学高度和逻辑能力来接纳自然科学研究的一切成果，并且它是连接客观自然界与人类价值理性的哲学桥梁。

第五，《周易》提供的价值关系的表达范畴，是人类理性抉择之自由所发生在其中的哲学观察空间，为人类智慧层面的观察和提升提供了学理表达方式。

第六，《周易》的价值判断逻辑机能所包含的形式辩证逻辑原理，提供了所有科学领域诸原理的"母原理"，属于科学哲学更上一层的哲学体系。这个原理可以审视判断诸科学研究的科学合理性，而不是相反。

第七，《周易》提供了价值定性分析的完整结构，以及"完美价值状态"的表达模型，为人类文明的进化提供了方向和价值优化途径的理论的"纯形式"。这也是在世界其他哲学体系中难以见到的哲学成就。

中国哲学源头的上述特征，足以让中华文明的历史长河中充满了关于价值判断的思考与抉择的智慧。而这正对应管理学家西蒙（Simon）给出的关于管理的最为直接和本质的定义："管理就是决策。"对此，大连理工大学的巩见刚教授等在《传统文化的管理学属性、范式特点及其对本土管理学之价值研究》一文中，指出传统儒家文化本质上就是一门管理学，并介绍了儒家文化的学术范式。进一步来说，中国道家、法家乃至名家，也都形成了自己的管理学说体系，拥有各自独特的价值判断视角。从"价值抉择"的意义上来说，中国价值管理理论体系的存在，并不是现今才发生的事情，而是早就有其漫长的历史积累。

三、中国价值管理理论体系基础理论的过去、现在和未来

上海交通大学王方华教授谈到建立中国特色的管理学基础理论时指出："中国特色的管理学基础理论体系既应有历史感，又应反映时代精神，既要有大胆的理论探索勇气，更要有现实实践的应用价值。"这项任务对于中国管理思想体系的建设而言，不仅是一项具有难度的学术挑战，也是一项必不可少的基础性工作。

（一）中国价值管理理论体系基础理论之历史

中国哲学的起源，应该可以追溯到《周易》判断之逻辑机能"元亨利贞"价值范畴的诞生。虽然历史上人们只是把它们看作占卜用语，但值得注意的是，占卜的究竟意义在于判断和选择。关于判断和选择的逻辑机能，则是西方哲学经两百余年探索而未能达至的实践理性哲学内核。在世界哲学体系中，《周易》所提供的价值判断逻辑机能同时包含了认知理性和实践理性的哲学基础。在目前可以观察到的世界哲学史

中，这是一项舍此无他的哲学创造。这一创造在历史上只为极少数有天分并有机会接触的学者所了解、应用和宣说。这些学者被中国人称为"古圣先贤"。例如，中国儒学先师孔子是到了五十岁以后才遇到这个学术体系。孔子感慨道："加我数年，五十以学易，可以无大过矣。"他研习《周易》以至于"韦编三绝"。可以想见的是，孔子六十耳顺、七十进退不逾矩的学问修养，与此不能脱离关系。这些修养正是日常生活中的见地抉择所成就的结果。

关于这一学术体系的传承，其作为实践理性的哲学在过去有"言传"和"身教"两条途径可以实现。可惜的是，在中华大地充满动荡的年代里，这一学术体系的传承并不是很顺利。首先是文字诠释方面的缺憾，老子、孔子时代对于道德的实践，基本上是直言其然而稀言其所以然的。老子说"上德不德，是以有德；下德不失德，是以无德"，并且列出了"道德仁义礼"的降序排列，但是没有讨论其所以然。我们在《论语》中读到孔子说"由，知德者鲜矣！"可是没有见到孔子与弟子们探讨过"如何识德"。这一传统在中国文化历史上存续了很长的时间。好在古圣先贤以他们卓越的学问和人格魅力足以吸引到传承学问的弟子，"言传"没有说清楚的可以用"身教"给予学子有力的示范，使学术体系得以传承。但是，当这种"言传+身教"的传承形式遭遇战争或者各种毁灭性的劫难的时候，难免会出现命若悬丝的生存延续状态。于是，在缺乏明确逻辑诠释的学术传承中，后代对于先贤思想的理解也不免走上种种异化的歧途。儒家思想在汉代以后出现"三纲五常"的异化，乃至演化成为近代鲁迅所指责的"吃人"的工具，反映了这种传承存在的风险。幸好在中国文化历史上一直存在文明传承的"正脉"，虽然在很多时候属于势单力薄的存在，但是中国文化中"与天合德"和"生生不已"的哲学基因，一直有力地支撑着这一文明传承。中国中医学术体系，就是其中一个近来因为抗击新冠疫情的突出表现而受到全球关注的传承分支。

中华人民共和国成立以来，中华文明迎来了历史上极为稀有的和平复兴时机。改革开放为中华文明再度显现其生命力提供了千载难逢的历史窗口。东西方文化的交流，使得中国哲学这个本来具有开放性特质的哲学体系，迎来了直面全球化发展的黄金时期。通过东西方哲学的比较，我们不仅能够充分了解、吸收世界他方的文明成果，而且能够理解中华文明在整个人类哲学体系中的意义。西方哲学建立于经验主义哲学传统，长于线性特征的逻辑思辨，在概念及其逻辑表达功能的建立方面具有积累深厚的思想成果，这为提高中国哲学内涵的辨析水平提供了很好的参照。康德对于哲学（康德也称之为他的时代的"科学"）的根本性问题进行了归纳，将其总结为三个基本问题：我可以知道什么？我应该做什么？我可以期望什么？

从现代管理实践的视角来看，这三个基本问题是每一个人都面临的"实际管理问题"。这三个"管理问题"在西方哲学体系中只解决了第一个，即关于如何认识世界的方法论，康德提出了"纯粹理性"的哲学范畴（质、量、关系、模态）。作为客观世界判断的逻辑机能，这个范畴体系建立了客观观察世界的科学原则，为科学哲学奠定了稳固的基础。但是康德及其以后的西方哲学家们关于什么是"应该"的判断的逻辑基础，始终没有到达哲学彼岸，只能依托宗教进行弥补。而宗教教育由于科学理性的"祛魅"运动，其所宣扬的人类美德被驱入"非理性"的人类情感领域。现代社会的道德败坏与此有莫大的关联。关于"正确的道德何以正确？""我们为什么应该守护道德价值？""道德理念有没有理性内涵？"等这些问题，支撑其答案的哲学基础之源头，仅仅出现在承载中国哲学思想体系的《周易》之中。相应的理论应用出现在《礼记》

的《大学》中，其第一句陈词就直接给出了上述康德三个基本问题的答案："大学之道，在明明德，在亲民，在止于至善。"至于如何"止于至善"，《周易》提供了价值判断的逻辑机能，并且在开篇就已经给出了其哲学表达模式："元亨利贞"。"元亨利贞"的满足，就是中华文明中所言的"至善"境界。在世界哲学中，拥有如此明确的结构形式和辩证逻辑的实践理性表达，很难再找到第二例。

中国文化长河中出现过很多对《周易》进行注解的知名学者。除了孔子之外，后来的邵雍、来知德、王夫之、智旭大师等，都对其哲学思想进行了深入的研究。他们也都是中国历史上著名的道德理性实践者。《周易》关于"应然"判断的逻辑机能作为价值判断的逻辑主线，不仅可以用来贯通过去的各种研究，也可以用来帮助进行对于现代管理抉择的思考。

（二）中国价值管理理论体系发展之现状

改革开放40多年来，中国以欧美为学习榜样，系统地引进了西方管理思想体系，在获得工具性收益的同时，也受到了西方学术体系缺乏价值判断逻辑机能的显著影响，其中一个被普遍认识到的问题就是学术与现实发展需求之间的脱节。价值判断是实践理性的核心内涵。但是迄今为止，如果我们翻开一本管理学教科书，所接触到的往往是工具性的方法，或者是被加工后的"事实性"案例。这些内容对于增加管理领域的知识无疑是有意义的，而且知识准备构成了实践理性的重要背景，但对于实践理性的形成而言，这些内容是不够的。

目前的管理科学涉及的视野范围十分有限。尤其是实证主义的管理科学视野，在逻辑上尚不能接纳关于未来的思想。实际环境中的管理问题往往是连环嵌套的、面向未来的、不确定的和演变的。外部环境压力、内部资源稀缺加上人的种种情绪和误解，以及由此带来的信息扭曲，导致真实问题的确认并不见得是容易的和必然能达成的。"家家都有难念的经"恐怕是对现实管理实践较为贴切的一般表达。在这种情况下进行价值判断和抉择，是一种极为常见的管理实践场景。

管理学界问题无穷且关联到资源的支配，所以相关讨论一直很有热度，问题产生于各个领域的"需求"。综观管理理论发展历史，在管理思想上真正有启示的重大进展十分有限，能够做出实质贡献的学者并不多见。对管理实践发展起到明显推动作用的一些重要进展，比如20世纪的"目标管理""全面质量管理""学习型组织"等，都是面向未来的具有建设性的系统性工作方法的建构。它们的核心思想都包括"系统性""整体性""动态复杂性"这样一些具有哲学内涵的概念，但这些进展仍然是工具层面的。

对于面对现实的人们而言，所接触到的问题总体上是"大管理"问题。局中人面临的问题包括身心健康问题、家庭关系问题、情绪问题、上下级同事关系问题、商业竞合关系问题等，不能尽数。这些问题相互勾连、变幻莫测，构成了每个人面向未来的"大管理"场景。每个管理问题场景都是特殊的。在各种特殊环境下，经营者以各自的资源、智力和代价谋求一个生存空间。要在这里面发现一些具有启发性的管理智慧，在学术上就会面临这样的困境：如果我们把在特殊情景下的正确抉择称为智慧的话，它基本上是不可复制的；而那些具有一般性的普遍的观念，则往往是老生常谈，可能被认为没有意义。

那么管理学存在的意义是什么？除了知识的接力与传递之外，面向未来进行思考可能是管理学十分重要的存在价值。个人、组织、社会，都面临如何走向未来的问题。而回答这些问题的关键则是价值判断。那些能够变成显性知识或者已经变成显性知识的内容，在老子那里被称为"前识"。"前识者，道之华，而愚之始。"意思是说，那些被显性化的知识内容，只可能作为智慧的垫脚之石，它们的出现可以改变实践的场景，却仍然不能代替实践所需要的智慧。因为智慧的作用形式总因时间、空间的变化而变化，不可能提前写在纸上。

实践理性的智慧，由实践主体的意志力、才能、知识、志向，通过与环境条件的相互配合呼应而显发，最终成就在人、事、物之间关系的发展上。其中管理学能够有贡献的地方，除了依靠科学方法提高效率之外，最主要的是帮助决策者拥有并增进判断力，以获得能力和能力的成长。这是一项真正有难度也有意义的任务，但并非无道可循。中国哲学所提供的价值形式辩证逻辑原理提供了具有涵盖能力的逻辑思维模式。它完备地涵盖了价值观察的各个维度，以及它们之间相互影响与变化的可能。它指出了人类自由发生的关系空间，以及进行价值评价与优化的识别路径。它在表达的形式原则上虽然是显性的，但在具体含义上却可以是隐性的和接纳变化的，它提供了把握实践智慧的原则。在价值理性的原则之下，人们对于选择的价值判断，可以根据个人所处的不同层面获得相应的启示。在价值理性的关照下，管理场景和案例的积累，对于辅助相关智慧的成长也会有一定的帮助。

（三）中国价值管理理论体系建设之未来意义

中国价值管理理论体系的核心，是孕育于中华文明历史长河中的中国价值理性哲学精神。中国价值管理理论体系具有怎样的内涵，不仅是一个探索性的认知问题，也是一个创造性的建设问题。它的应用和实践，也可能成为可以让全世界所共享的理性选择的源泉。关于中国价值管理理论体系建设的未来意义，笔者归纳为以下三个主要方面。

第一，价值判断逻辑机能的引入，将显著改善管理学缺少价值逻辑和自身学科基础，科学体系尚不成熟的现状。以价值为中心议题的管理科学，只有在价值分析方法论取得理论基础以后才能形成。目前中国哲学及其价值判断逻辑机能方面的进展，为这一学术形式的形成提供了契机。把价值研究纳入管理科学研究的合理范围，可以完善管理科学的逻辑基础和科学视野。我们从西方学到的经验哲学传统下的实证方法，在逻辑上只能面向过去，而价值分析需要面向未来。将价值形式辩证逻辑原理引入管理学，从基础理论层面拓展管理学逻辑空间，将使得管理学拥有面向未来研究的逻辑支撑。面向价值创造是管理与管理学的实际意义所在，但过去管理学的理论支撑来源于不同的科学领域，唯独缺少判断的价值逻辑理论。管理价值逻辑的引入，有助于管理科学自身学术话语体系的形成。

第二，促进管理科学评价理论形成逻辑形式规范。过去我们学习西方科学体系遇到的一个问题是，西方学术体系因为缺少对价值逻辑的认知而将价值判断排除在"科学"之外。这个领域的功能在西方被交给了宗教教育。显然中国管理不可能移植西方文化环境，建立自身具有哲学基础的价值判断体系尤其显得十分必要。过去按照西方传统，因为缺少价值逻辑形式规范，通常所谓的"定性研究"只能通过排除"定量研究"来进行定义。因此，在定性研究过程中发生各种价值忽视，这成为影响决策质量的常见问题。引入价值判断逻辑形式和基础规范，将有助于对价值评价结构性缺失的识别。提升评价体系的合理性，可以促进管理实践领域的改善，这个意义是可以期待的。

第三，推进管理科学弥合理论研究与实践之间的断层。价值判断涉及我们应该做什么，以及可以期待怎样的结果。价值判断不清晰，相关的实践成果就难以落实。价值相关研究对管理科学来说是长期有待开发的领域。这个领域包含了国家治理乃至国际关系的宏观层面、企业机构运营的中观层面以及个人发展的微观层面。价值判断的逻辑机能，是贯通于人类活动各个层面的原理性因素，是中国文化所传承的"君子务本"之"本"。价值逻辑机能的引入为管理科学的价值研究提供了逻辑支持和理性路径,有助于管理科学探索、实践方法的完善。价值逻辑把实践理性和认知理性统一于共同的理性原则之下,将有助于各种管理研究进行面向管理实践的价值定位。

总之,拥有价值逻辑基础的管理科学,可以推动管理科学整合中西方思维模式而趋于完善。

四、中国价值管理理论体系的宏微观意义与探索空间

(一)中国国际关系与国家治理的宏观价值理性特色

中国社会主义核心价值观"富强、民主、文明、和谐、自由、平等、公正、法治、爱国、敬业、诚信、友善",非常完整系统地反映了现代中国的国家发展方向、社会治理目标以及个人道德价值之间的配合与关系,它们彼此之间具有紧密的价值逻辑关联和整体性视野。在这样一种视野之中,中国文化的哲学精神与其他文化不同的一些要点十分值得关注,并应在整体发展中、话语体系建设中加以应用。

其一,中国文化中的道德抉择拥有完备的价值理性哲学基础作为支撑,是中华文化中固有的理性抉择。这种"善的德性"不同于其他文化来自各种不同宗教的训诫,这种"理性的善"不带有文化的排斥性,而能够通达于一切文化中的合理抉择。因此,具有不同文化根源的族群总体上能够和睦地共同生活在中华大地上。中华本土发展起来的儒家和道家两个学术流派虽有不同见解,但都服膺于《周易》的哲学义理。而汉代以来逐渐传入的佛教思想能够在中国大地上传播,很大程度上与中国本土的哲学智慧以及文明高度息息相关。儒释道文化精神的自然融合是中华文明史上出现的一种奇观,这不能不说是一种来自文化根源的文明优势。这样一个文明出发点,使得中华民族的文明史中没有出现过殖

民侵占、掠夺其他地区人类的历史。中国的博物馆中从来没有放过从别国掠夺来的东西。这种"没有"是一个有"文明德性"的世界大国建立"良性国际关系"的重要资本。这种面向一切种族的"义利相合，义先于利"的文化特质，是"中国风格"和"中国精神"的一个重要侧面。

其二，中国价值理性的另一个重要侧面，是文化源流所带来的"独立自主，自力更生"的主体性自强原则。这种主体性自强是有源远流长的文化精神传承的。中华文化源头《周易》中的"乾坤"两卦，开始就以"天人合德"的精神提出"天行健，君子以自强不息""地势坤，君子以厚德载物"的归纳性纲领，构成了中华文明长久不息的文化精神的总体特征。中华文明主体性自强的哲学精神中，含有明确而完备的价值崇尚内涵，其简要的概括包括"崇尚德性之淳厚""崇尚中庸之精微""崇尚仁爱之普惠"。这些价值崇尚内涵从来不是关于自私自利的和格局狭小的。这是一种具有哲学理性根源的"中国气派"。北宋张载提出的"为天地立心，为生民立命，为往圣继绝学，为万世开太平"的"四为"理念，是这一中国气派的历史性的典型写照。

其三，中国价值理性的第三个重要特点是具有开放性和深度吸收能力。闭关锁国曾是近代中国落后于世界的一个原因，但这并不是中华文化源流的本有精神特质，而是封建统治阶层的狭隘自私心理产生的恶果。自从中国共产党领导中国人民推翻三座大山，走上民族复兴和国家富强的道路以来，尤其是进入改革开放的发展阶段以来，中华民族对于世界优秀文化成果的吸收，是令世人刮目相看的。中华民族凭借这种文化开放力和价值抉择力，走出了令世界各国都难以想象的进步之路。中华文明这种具有建设性、普惠性、利他性的开放精神，也是世界其他文化中罕见的。一旦走上和平开放的发展道路，中华文明在世界文明中必将显现出她伟大深远的德能。

其四，中国价值理性的第四个重要特点是具有战略持续能力，这是中国哲学中从来不曾忘失的。中国共产党领导中国走上建设道路以来，始终不忘初心，牢记使命，持续进行了一个又一个的"五年规划"战略部署。在极为困难的情况下，克服一个又一个困难，推动中国成为世界第二大经济体，并领导一个十四亿多人口的大国消除绝对贫困，全面建成小康社会。这样一种没有丝毫依靠掠夺其他地区而获得的建设性成就，在世界史上是罕见的。这样一种充满良善之文化精神的，具有深远发展眼光的战略把握能力，有可能成为引导现代人类走出生存发展困境的希望所在。

（二）中国价值管理理论体系的微观意义

中国哲学所倡导的价值理念有着对于人类价值空间的完备理解。它在微观领域的作用，具体来说就是对个人发展的作用，实际上构成了中华文明宏观特征的基础。中华文明的价值理性首先是在个人发展方面发生作用，最终构成中华民族的文化气质。

中国儒家经典《大学》中说："大学之道，在明明德，在亲民，在止于至善。"其中的"大学"并非指宏观意义的作用，而是指微观层面具体个人的眼界和格局发展所存在的无限可能。所谓的"人皆可以为尧舜"就是在这个意义上的表述。中华民族作为一个有巨大人口规模的族群所表现出的整体生命力，与这样一种特有的价值取舍能力有非常大的关系。

2020年年初突袭而至的新冠疫情，让中华民族作为整体显现了她面对严峻考验的巨大应对能力。中国十四亿多人口规模所反映出的一种"为大家着想"的基本精神，以及中医药在抗击新冠疫情中所起到的显著作用，使得中国在新冠疫情中实现逆势增长。值得注意的是，中医药的医学原理和价值抉择，与儒家"明明德"的价值选择，可以共同溯源于《周易》的价值判断逻辑机能。习近平总书记多次在重要讲话中运用中医药理念和术语来阐述治国理政的思想和观点，指出"中医药学凝聚着深邃的哲学智慧和中华民族几千年的健康养生理念及其实践经验，是中国古代科学的瑰宝，也是打开中华文明宝库的钥匙"。

中国文化中"天人若一"的思想，由此构建的价值判断逻辑机能和由此产生的在一切微观行为中的价值判断眼光，是世界文化史中独具特色的存在。中国哲学在微观层面对个人健康发展能起到的作用，正是她在宏观上可能利益到全人类的原因所在。

从个人的健康体魄、完整人格的发展再上升到家庭、事业、社会关系的完善，正应了儒家"修身、齐家、治国、平天下"的道德能力的发展阶次。值得注意的是，儒家经典《大学》思想的究竟宗旨在"明明德于天下"。先贤"修身、齐家、治国、平天下"，最终是要达到"明明德于天下"的目的。其内涵意蕴在于让天下人都能够掌握价值判断的基本能力，以构成道德社会的基础。这种能力是孔子"吾道一以贯之"的能力，也是王阳明"知行合一"的能力。这些能力的养成，其哲学思想和学理路径，都来自中国哲学的价值判断逻辑机能。从实践上来看，"明明德"——掌握价值判断的基本能力，与"修身、齐家、治国、平天下"之间必定是需要相辅相成的，这正是"知行合一"的实际所指。

（三）中国价值管理理论体系的探索空间浅谈

中华文明以她的人口规模和在现代发展中的表现，反映出这一文明在未来全球发展中承担重要作用的巨大潜力。但是作为世界文明的一个组成部分，如何能够在维持自身良性发展的前提下为实现全人类的福祉做出贡献，则存在大量的探索性和建设性的任务。这取决于中华文明如何继承和发扬本有的优秀文化精华，以及如何与世界各个地区的文明建立沟通和联系。正如本文开始时通过价值立场对管理和管理学所做的定义，一切价值理性的抉择，都存在于关系的发现与安排之中。

人类在现在的生存空间中面临着史无前例的创新成果的爆发性增长。物质方面，在一切工具变得越来越便捷的同时，人与人之间的关系变得疏远和紧张，作为人类的根本需求的环境资源处在急速耗竭之中，人类创造的一些产品也在不断威胁人的健康。精神方面，海量的碎片化信息使人在知识方面"学富五车"，而在价值抉择方面茫然无措。这一切问题都是人类宏观选择所产生后果的表现。中国价值管理理论体系对于改善中华民族自身和全人类的生存品质能够起到怎样的作用？这还需要学者群体进行深入的探讨。世界的未来状态不仅仅是一个需要被认知的对象，更是我们可能予以建设和改善的对象。只有价值理性能够指导人们进行这方面的建设性改善。以下或许是我们在未来的中国价值管理理论体系建设中应该关注的一些问题：

什么是中国价值管理所倡导的价值哲学内涵和价值行为原则？

应该用怎样的话语体系对中国价值管理理论体系进行完善的表述？

中国价值管理理论体系如何识别历史中所产生的文化精华和糟粕？

中国价值管理理论体系对于国家治理的意义是什么？如何合理发挥它的良性作用？

中国价值管理理论体系对于企业发展的意义是什么？如何能够使这种作用得到充分的发挥？

中国价值管理理论体系对于个体发展的意义是什么？如何能够使这种作用得到普及？

中国价值管理理论体系如何对世界不同的文化进行基于中国哲学体系的表述？

中国价值管理理论体系如何与世界不同的哲学体系进行对话？

中国价值管理理论体系如何面对国际竞争？如何取得优势？

中国价值管理理论体系对于国际关系建设的意义是什么？如何使它产生善的效能？

中国价值管理理论体系应该如何为全球发展带来价值和利益？

......

上面列举的问题远远没有涵盖我们在发展中可能面对的各种疑问，这意味着管理学领域面临大量的价值理论创新研究工作。创新研究的意义不在于创新本身，而在于对人类发展福祉和文明精神的担当。中国价值管理理论体系的意义不仅仅在于它的文化独特性，更在于在改善人类生存和发展方面所具有的潜在价值。

五、关于中国价值管理理论体系建设路径的思考

（一）中国价值管理理论体系的基础——中国哲学的理论特性

中国哲学在过去很长的历史中没有清晰地展现出明确的逻辑形态。通过中西方哲学形式的汇通和比较，我们现在可以发掘出中国哲学实践理性之价值判断逻辑机能，并识别这一逻辑机能在人类认知科学和实践科学两方面所具有的基础性地位。在笔者发表的论文《价值逻辑原理视域下的价值中立与价值关联哲学分析》中，可以看到《周易》价值判断逻辑机能所包含的形式辩证逻辑原理作为科学领域诸原理之母的学理地位的详细讨论。

《周易》提供的时空结合基本理论模型，是价值判断的哲学建构基础。价值与时间和空间是息息相关的。这个基础的哲学模型，使得中国哲学成为真正意义上的实践理性哲学。

《周易》象辞"元亨利贞"构成的价值判断的形式原则，具有关于价值完美状态（至善）的哲学表述模式，不仅具有实用主义的实践性优点，也为避免实用主义的盲区提供了识别的路径。它在非宗教信仰

的前提下，为中华文明提供了实践理性哲学立场的"守护道德价值的理由"。

《周易》的价值判断逻辑机能所包含的形式辩证逻辑原理，作为中国哲学的一种"纯形式"，是关于关系判断的形而上的哲学建构。关系是连接客观自然界与人类价值理性的哲学桥梁，是人类理性抉择之自由所发生在其中的实践性观察空间，与管理实践紧密关联。

《周易》形式辩证逻辑原理提供了价值定性分析的完整结构，为人类提供了价值优化途径的理论的"纯形式"，为定性分析提供了一种具有逻辑完备性的形式规定性。

《周易》所包含的价值哲学基础的这些特性，使得中国价值管理理论体系拥有了坚实的学理基础。

（二）关于中国价值管理理论体系发展路径的思考

原国家经委副主任袁宝华在1983年于北京召开的借鉴外国企业管理经验座谈会上，提出"以我为主，博采众长，融合提炼，自成一家"[1]的十六字方针，概括了中国管理理论体系的发展方向。这个概括与中国哲学的价值判断逻辑机能形成了很好的对应，是一种中国文化立场下的完备表达。其中"以我为主"是中国管理理论体系的出发点，其哲学地位对应于价值判断的出发点："元者，善之长也。""博采众长"对应于发展道路形成和落实的条件创造和吸收："亨者，嘉之会也。""融合提炼"对应于对适当性与和谐性的追求："利者，义之和也。""自成一家"对应于自身可持续发展的落实："贞者，事之干也。"这个归纳意味着中国价值管理理论体系的构建首先是中国发展自身的事

---

[1] 王利平. 制度逻辑与"中魂西制"管理模式：国有企业管理模式的制度分析[J]. 管理学报，2017（11）：1579-1586.

情,是构建具有价值独特性与原理普遍性合一特性的学术体系。

中国哲学的价值理性,是中华文明对世界福祉的一项意蕴深远的贡献。这一贡献的哲学基因从久远以来蕴含在中国文化和中华民族的精神血脉之中,构成中国发展道路的理性视野。由于价值因素在人类理性活动中的普遍渗透性,以及价值认知与行为选择紧密连接的关系,中国价值管理理论体系在学理上可以成为"中国管理"的一个内涵式的、诠释性的称谓。人们对价值发现、价值维护、价值创造、价值分配等价值发生、发展、运行变化的参与和把握,是管理活动具有本质性的内涵。在各种视域下所形成的管理思想与实际环境的具体结合,则可能生成各种风格和类型的理论。

目前中国管理学界已经产生了一批具有影响力的本土管理理论,各种企业通过实践也形成了许多宝贵经验,这些都理应成为中国价值管理理论体系的一部分。其中,苏东水先生创立的东方管理学在诸多理论中更完整地保持了中国文化传统中一直承续的开阔视野和整体性的哲学精神。管理价值取舍的本质,渗透于宏观和微观的一切人类理性活动之中。在中国文化传承中,上至国家治理,下至个人健康状态的改善,无不包含在中国哲学的观察视野之中,也无不可以成就于中国哲学的指导原则之下。

过去我们从西方引进的管理学理论主要是针对中观的组织功能层面,如企业机构、行业组织或者政府部门等,内容主要是属于技术层面的。哪怕是引进西方战略管理理论,也还是属于分析技术层面的,与中国哲学所达到的视野和高度之间存在距离,因为价值抉择才是指导战略实践的制高点。关于价值抉择的哲学体系,仅仅在中国哲学源流中可以找到。在中国哲学和中国现代发展实践的基础上,中国价值管理理论体系或许应该适时走上现代发展的历史舞台,从而帮助解决现代人类面临的种种问题。

关于中国价值管理理论体系发展路径的思考目前尚未成熟,因为它本身不可能是纸上谈兵足以完成的任务。但是根据价值理性的基本判断机能,我们仍然可以从几个方面提出一些思路作为进一步发展的参考。

1. 中国价值管理理论体系发展的理论路径

管理是价值关系的发现与安排,管理学是关于价值关系发现与安排的学术。这样一种对管理和管理学的定义方式的理论基础,来源于中国哲学独有的对关系范畴进行判断识别的逻辑机能。而价值存在于关系之中,离开关系则没有价值可言。关系范畴是一个普遍存在于客观物理世界和人类精神世界的逻辑要素,所以它能够容纳管理世界的所有客观与主观研究的对象与内容。关系纳入了时间与空间的结合及其变化的可能,成为人类活动中与"智慧"紧密相连的一个哲学概念。关系的整体功能,直接连接着人类所关注的种种事物的成败,所以关于关系的中国哲学又可以被称为德学。"德者,成物之功也。"它有能力接纳历史形成的一切成果和客观世界的所有现实,也能够启发人类对于未来的抉择。在此笔者从"元"层面提出几个中国哲学理论出发点的重要特质,作为中国价值管理理论体系发展的参考。

价值主体性:所有的价值都是有主体的,因为价值来源于人类的欲求。人类的欲求充满差异性,所以价值不存在一般性。只有关于价值的基本原理是共通的。人类可能在共通的价值原理基础上获得彼此之间的价值理解。

价值全局性:世界处于普遍的联系之中,价值判断的全局性认知范围可能随着不同的主体有所不同。但是所有的价值都必须包含"元亨利贞"所包含的逻辑机能,它们构成了价值理性沟通的基本话语结构。

价值逻辑性:价值的存在具有其先天逻辑形式和辩证逻辑关系的演

化空间。价值判断和抉择存在"善"的取向。价值判断因素所处的不同满足水平对应着不同水平的"善"。"至善"的定义来自价值逻辑机能"元亨利贞"的完全满足。

2. 中国价值管理理论体系发展的教育路径

中国价值管理理论体系发展的一项最为重要的任务，是实现价值理论与实践成果的传承。拥有足够的具有价值眼光和实践智慧的传承人，是中国价值管理理论体系得以存在的基本条件和重要标志。实现这一点，需要对现代管理教育体系进行一些必要的改变。一是在管理教育体系中引入价值逻辑及其应用，使学习者从理论和实践中了解中国哲学从宏观到微观的实践理性价值；二是在管理教育体系中引入世界哲学思想精华，使得学习者拥有比较完整的世界哲学视野。这样不仅能够使中国价值管理理论体系的传承者具有对价值理性的完整理解和充分信心，也可以发展出与世界对话的中国话语体系。

3. 中国价值管理理论体系发展的实践路径

判断力和实践的结合是"知行合一"的实质内涵。世界上每个人都有不同的生活形式，而价值判断的意义终究必须落实在现实的生活实践中。这种"智慧"是不同于"知识"的一种存在。举例来说，过去中国的古代中医学研究成果大量地被日本申请了国际专利，因而他们在国际上占领了主要的中药市场并赢取了利润。但当他们遇到难以解决的疑难杂症时，仍然不得不向掌握其中原理的中国中医学家求取治疗方案。中国中医学家的这种能力是缺少价值逻辑的现代科学知识体系所不具备的。当然这仅仅是价值逻辑在中医学中的一个应用个案。理论是实践的装备，实践是验证理论的战场。中国哲学及其价值形式辩证逻辑原理的作用从宏观到微观都存在着各种不同的演示。中国哲学中的价值理论能够帮助人们获得"识德"的慧眼，这种能力在人类命运共同体发展中的应用空间是无限的。中国哲学精髓的真正把握，最终必须在实践中完成。

　　中国价值管理理论体系的构成包括中国哲学、中国发展战略道路抉择、中国管理理论以及中国问题导向的管理实践案例等。它不仅是理论的体系，也是教育的体系和实践的体系。这个体系的哲学原理渗透于从宏观到微观的一切判断和选择，并具有对世界文明成果的接纳力。这个体系的发展与成长，需要拥有中国哲学的中国管理学界的共同努力。

整体性视域下的《周易》德学学理逻辑与学术意义导引

一、引言

德学是中国哲学的另一个名称。这个概念的提出，是为了将德学区别于哲学这个从西方转译过来的概念。虽然这两个词语都具有对事物本质进行探索的意义，但此两者是分属于不同层面的学理体系。两者之间不仅存在哲学学理层面的差异、学术识别空间的差异，也有解决问题领域的应用空间的差异。它们的共通之处在于，它们都是人类面对世界的思想工具。我们将在本文讨论这两者的学理关系及其意义。

哲学家罗素在《西方的智慧》一书中曾言，并不是每一个对知识有好奇心的人都是哲学家。哲学家是热爱洞见真理的人。这个对哲学家的界定，似乎已经把哲学的学术地位推到了极致。但是当现代人用还原主义的思路追寻构成物质世界的本质，因而进入量子时代的时候，却惊奇地发现构成物质"本质"的基本粒子居然不存在。这对于试图通过把握世界"本质"来把握人类命运的"科学梦想"，无疑提出了一个巨大的问号。世界的物质现象如果没有"本质"，人类能够把握什么？

在地球的另一面，中国《周易》的德学在一开始就不是一个追问本质的"求真"体系，而是一个追问事物的发生、发展、消亡的"求道"的学问体系。从《周易》开始，到后来的老子、孔子，都确认世界一切都是变化的，而变化有它的"道"。老子有"道可道，非常道"的论断，孔子则有"毋意、毋必、毋固、毋我"的告诫。他们的思考，都来自对人类"合道"以及"求存"的探索。可以说，中国文化是以"道"为本体、为本质的。它的一个基本特点，就是"非常道"。

《周易》的创生就是面对变化的。在复杂严酷的自然环境中，人们如何获得正确的判断以有利于自身的存续和繁衍，一直是生存史上的核心课题。不同于西方从宗教和经验哲学发展出超验的形而上学思想，将人的主观意识与客观世界一分为二，进而偏堕于唯心、唯物两种极端，《周易》的这套学术体系是将注意力放在世界变化的"关系"之上。"关系"是一个在哲学系统中十分特殊的概念。它横跨自然与人类活动诸因素，是连接了一切自然要素与人类思维要素的一个概念。在中国文化观念里，"关系"将一切连接为一个整体，因而形成了"天人一体""心物一元""知行合一"的理论建构。这个学术体系既不崇拜数量的庞大，也不依赖固定的"本质"，而是将目光投向关系连接的"道德智慧"，相信"道德"包含了一切的自然精神和人类所需。因此，在中国文化传统中，"道德"并不仅仅是一个伦理学范畴，还是包含了中华先贤从自然演化到人类活动的所有哲学思考的一个范畴。

本文就中华文化的本体"道"如何发生作用的一面，运用现代哲学视角，包括运用西方哲学和科学探索的发现，进行一个对德学相对粗浅的讨论。

二、"德"的定义和德学的学理性质

《周易》的哲学基本特征，是保持对观察对象的整体性思考。而这种整体性原则实际上也是西方现代哲学源头所遵循的最高原则，在中国哲学和西方现代哲学的著作中都有相关陈述。但是历史上中西方在各自的哲学探索中，分别产生了自身的优势和缺失。西方哲学以"求真"为目标，基于经验逻辑趋向了科学的精细化和工具化，逐渐丧失了对整体的关照和把握；中国哲学则一贯注重对整体性的回归，但缺少对学术系统中概念的界定和分析逻辑的理论建构。整体性与解析性合为一体的理论建构之所以难以实现，这里有一个原因，就是这些哲学概念的界定是哲学理论建构中最具有哲学高度、最基础性的任务。或许只有借助中西方哲学各自形成的优势，才有助于这个学术体系的完整表达。

对"德"进行定义可以说是人类哲学史上存在历史最长的难题之一，前后经历了两千余年。这项任务的达成需要两个不同方向的学理功能的完备。一个方向是关于现象涵盖力的学理功能的完备，这个功能要能涵盖一切由"道"所产生的现象，包括自然和人类活动的各种现象；另一个方向是解析、诠释、推理的学理功能的完备，这项功能要能提供整体中的差别现象的识别和理解途径。

孔子在两千五百多年前向子路感叹"由，知德者鲜矣！"老子则直接建议放弃概念上的分别而趣入浑然天成的"道"，这自然就具备了完整的"德性"。可以说这是一种十分特殊的东方"实用主义"的"道德"实践路径。但是不具备适当的学理定义和逻辑的缺失，导致了理解方面的困境，从而常常把问学之士挡在门外。

关于"德"的定义的学术缺位，自老子、孔子之后又经历了两千多年，直到明末憨山德清禅师在《道德经解》中提出了关于"德"的一个完备定义："德者，成物之功也。"这个定义的完备性首先在于它能够包含时间和空间中的一切观察对象。其次从《周易》的学理中，我们也可以得到这一学术体系的解析、诠释以及推理体系的整体建构。"成物之功"用现代语言可以解释为万事万物得以成就的推动力和条件。它的理论表达形式在世界哲学史上独一无二地出现在《周易》的象辞（判断之词）中。《周易》提供的价值判断理论表达模式，是一种抽掉了所有具体经验对象的"纯粹"的"价值关系"表述形式:"元亨利贞"。它们被称为"天地四德"。这四个字包含了"成物的关系空间(元)""成物的关系可行性(亨)""成物的关系适当性(利)""成物的关系可持续性(贞)"。这四个"关系"方面的满足,意味着"成物之功"的满足。任何事物如果具备了这四个方面的关系条件,便得到了成就的保障。

《周易》德学学理体系的一个非常特殊的视角,是从"关系"入手建立了"关系"演变的逻辑识别途径,从而建立了价值判断、功能判断的逻辑机能。它提供了价值逻辑判断的定性功能及其基本原则。这种以整体性为背景的定性功能和原则,是以局部对象为观察主题的科学哲学无法产生的。所有局部的、数量型的研究只能提供"是否"的判断,而不能提供"应该不应该"的判断。人类所有关于"应该不应该"的抉择问题,归属于德学的问题领域。德学以"关系"为考察对象,以"成物之功"为目的,提供"价值"与"功能"的逻辑判断。而科学研究中对于数量的识别和判断,属于德学中因物理世界的有限性特质而存在的"适当性(利)"识别的分支。

三、德学在现代哲学学理体系中的地位

康德一生著述了"三大批判":《纯粹理性批判》《实践理性批判》《判断力批判》。康德试图解决人类认识世界如何可能,以及判断与选择如何可能这样一些非常基本的哲学问题。从西方哲学的进展情况来看,他只解决了"认识世界如何可能"这个认知层面的科学哲学问题。康德提出了人类认识世界的纯粹理性范畴:质、量、关系、模态。这组范畴用于人类认识客观实际时对"是非"的判断。其中"质、量、关系"是判断的整体性要素,在科学判断中缺一不可,它们奠定了科学研究方法的哲学基础。"模态"则是引入变化和不确定因素的辅助范畴。

虽然康德的哲学研究目标是试图解决人类应该如何生活的实践理性问题，但是他在这个问题上没有能够成功。其后的西方哲学家、思想家们实际上也都在探索这个问题。康德之后有黑格尔提出的客观唯心主义、边沁提倡的功利主义、约翰·杜威倡导的实用主义、萨特等主张的存在主义、哈耶克等推崇的自由主义等。但是这些思想家们都无法面对这样一个哲学上非常基本的判断问题："为什么正确的道德是正确的？"也就是说，关于人类应该如何生活、如何实践、如何创造和守护人类世界的价值的问题，西方哲学家们始终没有能够获得哲学上的稳固基础。

康德对这个问题的疑惑，在他的《判断力批判》中被陈述得非常精致而深刻：

> 在我们知性能力的秩序中，在知性和理性之间构成一个中介环节的判断力，是否也有自己的先天原则？这些原则是构成性的还是调节性的（因而表明没有任何自己的领地）？并且它是否会把规则先天地赋予作为认知能力和欲求能力之间的中介环节的愉快和不愉快的情感？

在《实践理性批判》的"纯粹实践判断力的模型论"中，康德充满疑惑地说：

> 显得非常荒唐的是，想要在感官世界中碰到这样一种情况，它在感官世界中永远服从自然法则，但又允许一条自由法则运用于其上，并且那应当在其中体现出来的德性之善的超感性理念也可以应用于其上。所以纯粹实践理性的判断力遭受了与纯粹理论理性判断力同样一些困境。

在这里，康德对于人类的价值选择提出了几个十分关键，但是令他充满疑惑的哲学基础问题：

第一，有没有构成判断力的基本原则？

第二，这些原则有没有它的基本结构以及它们覆盖的理论区域和现实区域？

第三，这些原则与人类进行选择时的愉快或不愉快有没有什么关系？

第四，在充满"自然法则之规定性"的感官世界里，人类进行选择的"自由法则"如何发生作用？并且在各种自然法则的规定约束之下，居然还能够拥有不被自然法则限制的自由？

对这些问题的困惑，源于康德对"成物之功"的"关系"的认识尚没有达到中国哲学在三千年前《周易》中关于"关系"的功能特性与判断原则的认识深度。这个认识就是"元亨利贞"作为"成物之功"的基本条件及其所包含的价值原则，实际上覆盖了人类活动的所有领域。用于描述关系和价值的"元亨利贞"，为中国哲学提供了实践理性的基本哲学范畴。这样一种范畴构建以没有具体形态的"关系"作为识别对象，基于此建立的学理逻辑体系，是西方以经验哲学为出发点的科学哲学体系难以想象的。

关于这套涉及人类选择之自由的先天原则的学理地位，老子在《道德经》中的开篇有一段极为深奥的陈述：

道可道，非常道；名可名，非常名。无，名天地之始；有，名万物之母。故常无，欲以观其妙；常有，欲以观其徼。此两者，同出而异名，同谓之玄，玄之又玄，众妙之门。

我们在此仅对其中的"玄"和"玄之又玄"进行一个现代哲学的诠释。"玄"在色彩上代表黑色，如同黑夜不可见的状态，引喻为不可见、不可知的领域。"玄"字的象形表达，是两根丝线绞合在一起的形象。"同谓之玄"的意思是"差异中的共同性"。那个不可眼见的"差异中的共同性"，用现代科学语言来说，就是"规律"。所谓"智者察同，愚者察异"，就是指那些有智慧的人能够觉察事物中隐含的规律，不是智者则没有这个能力，只能看到差别。而在这里，老子还有一层更加深入的哲学观察："玄之又玄，众妙之门。"即"规律之上还有规律"。这个"规律之上的规律"，是生出各种微妙奇迹和创造的"众妙之门"。那么，什么是"规律之上的规律"呢？我们的答案是"元亨利贞"构成的价值形式辩证逻辑原理。

如果我们熟悉现代科学的种种发现和理论建构，不难发现各种规律之间是没有通约性的。即它们之间不能互为基础，并且彼此不能拥有肯定或者否定的关系。比如牛顿三定律之间就没有可以彼此支持或者否定的能力。但是所有的科学发现，其命题在被确认为"规律"之前，必须经过"现象关系识别空间（元）""现象关系可行性（亨）""现象关系适当性（利）""现象关系可持续性（贞）"的原则性检验，如果在这四种关系原则的检验中有任何一种不被通过，那么相关命题就不可以被纳入"规律"的范围之中。由此可知，关于关系识别的原理、原则，就是那个"规律之上的规律"，那个"玄之又玄"的"众妙之门"。这个"众妙之门"，是康德毕生追寻而没有找到的实践理性的原理和法则，是人类智慧的发生与自由的创造的"判断力的来源"。

四、价值形式辩证逻辑原理、原则及其实践意义

关于价值形式辩证逻辑原理，在笔者过去发表的学术论文中已经进

175

行过比较详细的讨论。为了后续讨论逻辑的完整性，我们把该原理的基本内容列述如下。

关于"关系"判断之纯粹理性的"形式原理"，是"关系"的识别必须包含关系空间的整体性（元）、关系的可行性（亨）、关系的适当性（利）、关系的可持续性（贞）四个范畴。这四个范畴作为判断的范畴必须同时存在，如果缺少其中之一，则相应的关系就不可能存在。

关于关系推理的辩证逻辑原理，是指关系范畴的"元亨利贞"四个维度之间相互定义、相互影响、相互支撑、相互作为诠释条件。它们形成了关系演化的逻辑推理和关系状态选择之自由发生的空间。

"元亨利贞"构成了关于"关系"、关于"价值"、关于"功能"的形式辩证逻辑原理。这个原理的学理地位是，其处于各个领域的诸原理和规律之上，具有作为诸原理和规律之成立性判据的基础原理功能。它提供了以整体性为第一原则的，不同于物理世界的线性因果关系的另一种关于复杂系统"成物之功"的因果逻辑体系。关于这个因果逻辑体系的研究，目前形成了以下命题。

（1）没有无因之果。

（2）因果关系以价值形式辩证逻辑的链条相互连接。

（3）因果链如同河流，人们不可能两次踏入同一条河流。

（4）价值产生于从来不曾间断的因果链条，每一种价值只属于独一无二的因果链条，每一个因果链条连接着更大的因果链条。

（5）价值范畴是人类选择之自由发生在其中的范畴，人们遭遇的差异不是产生于是否违背了自然规律，而是产生于价值选择。

（6）在价值抉择的实践理性层面不承认时间和空间独立存在的假设。对于具体价值的实现而言，时空结合的"时机"是最终决定因素。

（7）价值关系是时间与关系空间的具体结合，永远具有特殊性。

（8）关系源头的价值特征（关系基因）将影响结果的价值特征，缺损的因不会产生完美的果。

德学关于"实践理性"的上述学理体系，显然在功能上不同于基于"认知理性"的实证科学体系。而对于科学体系的发展、完善，它具有更高层面的整体性的识别力和判断力。它与以认知为首要任务的实证科学有以下不同。

德学是以"关系"的连接为主线的整体性的学理体系。实证科学通常以追求"真实"为首要目的，研究对象主要是那些能够保持稳定性的观察对象，这些对象是局部的判断因素。在德学学理体系中，这属于局部"可持续性"分支。

德学是面向动态、变化和特殊性的实践学理体系，是关于行动和选择的学理体系。实证科学所追求的"真实"是那些具有一般性的不变的因素，属于认知的领域。它们可以服务于实践而不能代表或者代替实践。关于"成物"的实践则是动态、变化和特殊的。

德学是以"关系"变化之逻辑为依据，面向成就事物的建设性学理体系，是以价值判断和抉择为主要内容的学理体系，关注时间与空间的一体性。实证科学关心的是其中可以忽略时间变化之影响的因素是否"真实"以及是否稳定。德学的实践理性既需要实证科学提供的知识作为支撑，又包含时间和空间变化中的"适当性"的观察。

德学关注关系连接的因果演变，并采取适当的路径、方法来优化结果。而实证科学仅仅关心"是与不是"的问题，并不涉足"应该怎么做"的问题。

德学是对科学研究的"科学性"进行识别和判断的学理体系。一项科学研究及其成果所获得的命题是否适当、可靠，以及其使用的范围是什么，需要运用价值形式辩证逻辑原理的基本判断原则进行识别，而实证科学则没有这种反向逻辑能力。

德学是以"关系"为主线，贯通自然系统和人类活动系统的学理体系。该学理体系的基本原理、原则通行于自然领域和人类活动领域，是对人类活动具有引领作用的通用学理体系。

五、中国德学学理、实践空间探索导引

（一）康德的哲学问题和中国的《大学》之道

东西方文化的汇通可以产生很多学理方面的互相促进。一方面可以借鉴彼此的文明发展优势，以促进自身文明的丰富与完整；另一方面会发现自己长期没有能够解决的问题在地球的另一面早就存在答案。

康德对于哲学研究提出了三个关系到每个人的基本问题：

我可以知道什么？

我应该怎么做？

我可以期望什么？

康德尽其一生仅仅解决了第一个问题，也就是为科学哲学奠定了逻辑基础。但是后两个问题涉及判断取舍，他一直没有找到可以立足的哲学基础。

《礼记》中已经有了关于这三个问题的完整答案。出自《礼记》的《大学》这样开篇："大学之道，在明明德，在亲民，在止于至善。"站

在中国哲学（德学）的立场，我们用《周易》学理支持的表述来说明这段开篇的意义：究竟完备的学问之道，首先在于把握判断取舍的基本道理，在于建设良善生存关系的实践，在于将理论认识和具体实践上升到"至善"的境界。《大学》中的这三个陈述完整地对应了康德的三个基本哲学问题，它们都可以用"元亨利贞"构成的德学学理进行支撑。值得注意的是，关于"至善"的定义模式，在全球哲学体系中仅仅出现在中国文化源头《周易》中。这种以"关系"视角建立的"至善"定义，可以表述为"极致的整体系统优化"，是"达到整体性、可行性、适当性与可持续性的完全满足"。《周易》德学的"元亨利贞"学理体系，为中华文明的价值判断、行为方式的选择、美好人生理想的实现提供了可知可行的道德学理基础。

因为"关系"的普遍存在，中国文化里的"大学"是无所不涉及的学问体系，是面向"成物之功"的学问体系，是面向未来的学问体系，也是把握现实、实事求是的学问体系。

（二）德学——有原则的实用主义哲学

德国著名的社会思想家马克斯·韦伯曾经对中国的儒家思想进行过研究，深切感叹中国儒家思想中的实用主义理性，认为在西方世界只有边沁的功利主义思考可以与中国儒家的实用主义思考匹敌。但是马克斯·韦伯毕竟无法深入地对中国文化进行认识，无法知道这种思考的哲学渊源所具备的功能和思考所达到的深度。

中华文明中的实用主义特征是非常鲜明的。因为在漫长的文明发展历史中，严酷的环境变化迫使人们不得不在"求存"奋斗中想出各种适用的办法以获得生存空间。老子的上善若水，孔子的日常之道，孙子的兵法，庄子的逍遥，无不是经过岁月的打磨而产生的"实用"思想精华。美国实用主义思想家约翰·杜威提倡的实用主义倡导不断地去实践、不断地去试错，提倡"大胆假设，小心求证"，把不断地行动视为最高美德。西方的这些实用主义思想，实际上并没有达到中华文明"理性实用主义"的高度。

什么是中华德学的"理性实用主义"呢？用一句话进行总体的概括就是，积极去做一切"不缺德"的事情。那么，什么是"缺德"的事情呢？就是在关系判断的四个范畴"元亨利贞"中存在缺陷的事情。其中每一个范畴以其他三个范畴作为定义和诠释条件。这个德学的"理性实用主义"可以解决西方自康德以后两百多年一直困扰人们的难题："为什么正确的道德是正确的？"而这个问题在中华文明德学体系中似乎从来不是一个难题。如果了解上述"有原则的实用主义"的基本思路，再去研究历代中国先贤的思想，将有助于我们更清晰地把握他们的实践理性思想精髓。

关于中国道家文化中追求"德之至善"的纯粹性，我们可以通过明代《了凡四训》中的一个故事来认识。吕洞宾向汉钟离求问成仙之法，汉钟离就要考验他，说修仙需要三千善行的功德作为入门基础，我教给你点铁成金之术，你得了钱财可以去帮助穷苦的人。吕洞宾问：那么金子还会变成铁吗？汉钟离回答：五百年后当复铁质。于是吕洞宾拒绝道：我不愿意害五百年后的人，这种点金术，我不会去学。这时汉钟离非常高兴，说道：凭你这一句话，你的三千善行已经满了。这个故事虽然很简单，但我们可以从中看出中华文明"理性实用主义"与西方实用主义的明显不同。

（三）德学实践空间探索导引

我们所说的德学实践空间，就是价值实践空间。价值实践包括价值创造、价值探索发现、价值维护、价值优化、价值转换等多方面的活动。现代东西方哲学对于价值的属性有一项共识：价值属于关系范畴，价值具有功能特性。在此，我们按照德学价值形式辩证逻辑原理的基本结构，对价值实践空间进行一个简要的介绍。实际上，这种探索存在于一切时代的人类活动之中，只不过有没有理论的指引和观察，实践的结果会不太一样。

1. "元"的价值范畴实践空间

《文言》中说："元者，善之长也。"在中国哲学体系中，"元"处于首要的地位。"元"的范畴具有多义性，它包含了整体性、先天性、初始性、基础性、首要性这些方面的性质。这些性质的共同特征就是它们非常重要、不可被忽视，但是人类除了认识它们之外，并不能对它们做什么。差异在于认识与不认识可以导致不同的实践选择，从而产生价值结果的差异。

科学研究"求真"的普遍性规律探索，实际上是对"元"价值范畴的探索之一。所有的原理、规律因其在某种环境中不可动摇的稳定性，而被视为"先天"的自然规定性。当人们认识到这些先天稳定的"关系"时，就可以把它作为一种"可靠性因素"，在价值创造中进行合理的应用。正如我们把握了物理世界的运动规律后创造出房屋、汽车等人类生活工具。这种"求真"实际上是一种对系统中的"可持续性因素"的探索和识别。

对于"规律"的描述本质上是一种工具性建构。例如牛顿的万有引力定律，实际上是运动现象的一种通用描述工具，但它也并不是什么本质。这个工具随后被更具有解释力和预见力的广义相对论所取代，然而爱因斯坦对他提出的广义相对论这一工具仍然并不十分满意。

"求真"作为"元"范畴的一个解释分支，其实质是识别"可持续"关系现象并予以表达。科学不断进行自我否定的过程，实际上是表达工具形式优化的过程。科学进展让这种表达不断获得对更大范围现象的解释力和预见力。

"元"的另一项更为广泛而经常性的应用不是"求真",而是"求实"以及"求是",即所谓"实事求是"。"实事求是"的这个"实"是"现实"的"实","是"指正确的认识和实践。"元"包含的"初始条件"的现实客观性,是每项事物都会面临的"先天性因素"。这种客观的先天性因素,是每一个现实个体都会面临的差异的现实。我们每个人必须根据现实来解决自己的问题。现实中的初始条件对于每个人都不尽相同,而这些条件之中有些是共同的因素,比如前面我们所说的"科学规律"对于每个人都是共通的,但是更多的是差异的、暂时的和处于变化中的因素。"家家都有难念的经"就是指这种差异性带来的困惑。

当我们在面临现实中的具体问题的时候,都不得不面对现实中的差异性。这类问题是所有面向普遍性的科学研究力所不能及的。而德学是面对这一类问题的有效思维工具。其中非常典型的实践领域是从《周易》体系中发展出来的中医学。在这个学理体系中,从医者为人的伦理观到治疗疾病的具体实践,德学的基本原则都贯穿其中。

中医学对于作为"初始条件"的先天性的认识包括以下几个方面。

(1) 先天综合性:人的生命特质包含有基因特质和时空特质。物质层面的基因并不是生命的唯一决定因素,这是同一对父母生出的子女在体格、性情等方面存在众多不同的原因。这也是生命维护的科学不能从单一因素的观察立场来建立理论的学理原因。

(2) 先天独特性:由于每一个个体出生的时间和地点的不同以及其他生理特质的差异,每一个生命都有其内在特征构成的整体性以及独特性。就生命的独特性而言,他在严格意义上并不是经验逻辑科学的研究对象,因为除此之外并没有一个相同的其他人作为经验基础。作为独特的人,只能是关于生命价值体系的"纯粹实践理性"的研究对象。

（3）先天基础性：每一个人的先天整体性基础是不可再造的。因为决定能量性质的时间和空间的结合时机不可能再现。所以严格来说，即便"克隆"，也不可能再造与干细胞来源一样的一个个体。这是生命物质移植过程中出现排异的基础性原因。

（4）先天有限性：构成每个个体生命基础的内在整体性特质所对应的物质和能量是有限的，不能被无限复制和使用，所以需要以"俭用"为维护生理持续健康的基本原则。

与来源于德学的中医学的这些认识类似，根据不同观察对象的实际需要，实际上也可以推知中国文化中各种"理性实用主义"的理论形式、生活方式、哲学思想的渊源。

除了上述有关"先天性"的观察领域，关于"元"范畴的研究空间还涉及不断运行着的时空关系。比如长期为实证科学所质疑的"天人一体"的理论，如何证实其合理性？《黄帝内经》为什么能够对气候、瘟疫等进行比较准确的预见？等等。此外，"元"可以分为不同的主体系统观察对象，它可以是一个人、一件事、一个家庭、一个组织、一个国家乃至全球人类生存环境等。我们不仅要关心其中的共同性，更要关心其中的差异性，否则将一事无成。就"成物之功"的立场而言，与目前盛行的实证科学相比，德学思想体系实际上提供了一种更加具有实践性的视野与更加完备的行动的方法论指南。

2. "亨"的价值范畴实践空间

《文言》中说："亨者，嘉之会也。"意思是促成事物的条件的聚集。这个范畴重点关注事物发生的条件是不是能够具足。它是"元"范畴的解释结构之一。一切事物的存在与发生，都有可行性条件来支撑。另外，"亨"有"通"的含义，其意思与"可行"相应。一件事情从"不行"到"可行",可能是自然的过程,也可能是人为推动的过程,它们都属于"价值"发生的过程。人类大量从无到有的创造,正是"亨"的范畴所涵盖的现象领域。但是"可行"在德学的解释结构中并不是一个独立的考察对象,而是要以"整体性、适当性、可持续性"为其定义基础和约束条件进行系统性的思考。这个范畴也聚集了定性和定量的所有因素。因为只有适当的手段,才能够得到适当的结果。怎样才能够算是适当,德学价值形式辩证逻辑原理提供了相对完备的判断结构。

3. "利"的价值范畴实践空间

《文言》中说:"利者,义之和也。"这是一个关于适当性的解释范畴。适当性的解释结构依赖于"整体性、可行性、可持续性"三个方面对其定义。我们在科学研究中的数量分析,是基于物理世界的有限性而建立的适当性分析的分支,是局部性的。通常我们所说的优化研究,都可以列入"利"的关注范畴。优化可以产生可行性,可以产生可持续性,也可以促进整体性的完备。这些价值创造涉及从微观到宏观,乃至全球发展的各个层面和实践探讨领域。优化可以是全局性的调整,可以是局部可行性的改善,也可以是某种因素的可持续性的提升。这类活动包含的领域和种类几乎是无穷的,也是人类发挥创造力最为丰富的领域。

4. "贞"的价值范畴实践空间

《文言》中说:"贞者,事之干也。"在现代组词中,我们经常遇到"贞洁""坚贞"这类用法。"贞"字的意思是坚固、不变。哲学上可以引申为可持续性范畴。可持续性在整个德学的价值结构中具有比较特殊的地位,因为它是预见未来的依据所在。科学研究中所谓的"求真",实际上得到的是关于现象关系的一定程度、一定范围内的"可持续性"判断。在自然中,有些可持续性是无消耗的、稳定的,是行动选择活动依靠的对象，例如人类发现的自然规律的稳定性，是人类现代价值创造的主要支持力量。另一些是被人类活动选择所影响的可持续性，是作为人类有限的生存条件、客观条件存在的，比如身体体能、自然环境、矿物资源等。这些是既具有特殊性，又在实践上普遍发生价值意义的可持续性因素。因为可持续性因素并不都是无限的，关于可持续性的维护，也涉及"整体性、可行性、适当性"的具体考量，这些价值因素相互影响，有无穷多种实践发生形式。举例来说，对于与每一个个人直接相关的生命健康的可持续性问题，从中国德学发展出来的中医学术体系形成了极为精致的辩证逻辑体系和实践方法，其思想方法对于各个领域的实践都具有参考价值。

六、总结

先秦以来，中华文化传承中的德学学理长期没有得到梳理，人们对于历史文化现象的判断缺少进行扬弃的学理依据。在东西方文化交融冲击的环境下，各种理论层出不穷，莫衷一是。价值形式辩证逻辑原理为所有这些理论意义的鉴别提供了一种具有完整定性判断功能的学术观察途径。其功能的普遍性，是由构成其逻辑机能的基本范畴的普遍性所决定的。在世界哲学体系中，这是罕见的具有完备逻辑建构的定性分析理论。

目前大量的关于人类活动系统的研究仍然缺少价值判断的学理主线。以资本增益为效率衡量的经济学、管理学，在研究的理论结构和实践的效能方面都存在众多问题。例如，何以诠释中国的发展突破西方学术体系的预期？中国发展的诠释体系应该如何构建？一些企业家觉悟到"创造价值"才是经营的核心，那么如何认识价值创造的空间？什么是正确的价值创造途径？除了资本增益之外，价值的创造还有没有其他衡量方式？等等。这些领域的探讨和实践应该还有很大的成长空间。

  在纷繁复杂的人类实践活动中，我们会面临各种不同的环境条件以及不同的历史所形成的问题，仅仅从书本上得到的知识不足以面对现实的多变和复杂。但是依据德学原理层面的价值逻辑以及因果理论，我们不难在目标选择、途径选择、工具应用、原则守护、预期建立等方面获得相应的判断、优化、筛选依据。德学的价值原理和价值守护原则，是面对一切具有复杂性的问题环境并进行行为抉择的简化要门。从微观的个人到更大范围的组织、社会，价值逻辑可以帮助人们建立关于优劣的判断原则和系统方法，从而找到有效的实践路径。《周易》德学学理体系的内在逻辑特性及其面对各种复杂问题的实践效能，或许将使之成为诠释复杂系统演进以及推动方式的理论基础。

基于德学视域的无线输电安全性价值评估[1]

一、引言

无线输电（Wireless Power Transfer，WPT）是当前的一个重要前沿科技。在实际应用方面，其技术进展与电动汽车无线充电模式的推广与普及，人体植入式医疗设备的供电模式变革，乃至智能电网的结构化革命等主流科研领域直接相关。在理论发展方面，无线输电基本机理的体系化与创新，同电磁学基本原理的发展完善有密切联系，往往能带来具有奠基意义和普适价值的重大科学进展。

进入 21 世纪后，无线输电进入蓬勃发展期。其中，国外无线输电技术产品规模于 2001 年前后激增，如今已进入平稳发展期。国内相关专利起步稍晚，于 2009 年后迅速增长，至 2013 年已经超出国外专利申请总量。总体而言，无线输电技术发展方兴未艾，具有显著的研究价值。

笔者作为电气工程专业的学生，日后有志于新能源并网研究，因而对于无线输电这一专业范畴内的新技术形态产生了一定的探索兴趣。适逢笔者参与了学院的一个关于无线输电技术的创新设计项目，主要从科学的视域对该技术进行探索与创新。经过对德学的学习，笔者深感科学视域下实践理性价值逻辑判断的缺失，因而决定从形式辩证逻辑原理的德学角度，对无线输电技术的发展前景进行初步评估，力求总结该技术

---

[1] 本文作者：西安交通大学电气学院学生俞越。

目前的发展得失，回答科学所难以回答的关于其未来发展"应不应该"的问题，从而健全其理论框架，探索其未来长足发展道路，为相关政策和行业标准制定者提供参考。

二、问题确定——基于"元亨利贞"的初步价值筛选

无线输电的价值评估包含多个维度，例如技术水平方面的输电效率和功率，环境环保方面的电磁辐射安全性，我国当前的技术水平能否支撑，以及可持续性方面的资源利用率和成本高低等。

依据"元亨利贞"价值逻辑体系，可以构建无线输电评估问题的基本价值原点。与此同时，受到康德的"人是目的"的第二道德律令的启发，笔者最终将无线输电的安全性问题作为评估本技术发展的出发点。具体诠释如下。

（1）无线输电的安全性属于"利"的范畴，它对应的是无线输电作为一种科技，以可见可触可感的科技产品的形态出现在人们的日常生活中的一种存在合理性和适当性。

（2）由于价值属于关系范畴，因此无线输电之"利"在本质上即隶属于人机关系这一范畴。探讨无线输电的"利"，就要从人机关系的合理性和适当性展开评估判断。

（3）无线输电的安全性之所以在其他评估维度之上，是因为对人身健康不"利"的一种科技形态是不具备可持续性的，亦即丧失了"贞"的价值品质；在当下的"元"空间中，它破坏了人机关系的和谐性，所以也不满足"元"的条件；伴随着民众健康卫生意识的增强，不安全的技术是行不通的，也就是不满足"亨"的条件。

综上所述，无线输电的安全性评估是当前实践理性评价流程中应当解决的首要问题。本问题中，"利"是最重要的价值特征，"利"的满足

构成了其他价值要素的必要条件。正因为如此，笔者将问题研究集中于技术的安全性解决路径评价及探索方面。

三、问题分析

1. 概念界定

在进行研究之前，首先需要厘清安全性的概念。本文将安全性界定为环境安全和生命安全两部分，考虑到环境安全的最终指向仍为生命安全，故在此后的讨论中将围绕生命安全展开。

与普遍认知不同，无线输电其实并非只有妨害安全性的一面。相反，无线输电技术提出者特斯拉的设计原型就已经具备了降低电能传输外部损耗的能力。此外，人体植入式医疗设备采用无线供电技术的一大出发点即在于其避免了人体组织与导线的直接接触，能有效降低感染和触电的风险。

2. 电磁辐射成因及危害

无线输电的不安全性主要体现在电磁辐射的危害上。要理解电磁辐射的成因，需要对无线输电的基本结构和基本方式有初步的定性的认识。

无线输电的基本组成结构包括发射线圈（Transmitting Coil）和接收线圈（Receiving Coil），有时为了增大传输距离，提高传输效率，也会在发射端和接收端之间增加中继线圈（Intermediate Coil）结构。卷绕成线圈的结构主要是为了增大磁通密度，从而强化储能能力。

无线输电技术可分为三大类。第一类是电磁感应耦合传输，功率大，效率高，但传输距离一般限制在厘米级别；第二类是磁共振耦合输电，通过传输等效电路模型中的阻抗匹配实现高效输电；第三类是微波或飞秒激光输电，常常借助天线射频实现较远距离的电能传输，功率密度较大。

在无线输电过程中，能量以电磁波的形式传播，电磁波从发射端的线圈发出，进入接收端，在接收端线圈中电磁波转化为电流实现供电。电磁场会对置身其中的生命体产生空间辐射，并且对周边环境造成电磁污染。

在三类输电技术当中，微波或飞秒激光输电因其高功率密度和强辐射强度的特点，一般不应用在人体植入式医疗设备中。而前两类无线输电技术有望或已经应用于日常家居和工作场所中，但其电磁辐射影响尚未得到针对性系统研究。

电磁辐射对生命安全的危害主要表现在以下方面。

（1）辐射热效应。人体内植入医疗设备因热辐射升温，进而导致其周边组织升温，研究表明，人体组织仅仅升温1摄氏度即可造成严重的生理功能紊乱。

（2）辐射非热效应。电磁辐射会干扰人体内的弱磁场，由于幼儿的身体组织对于电磁辐射的吸收能力是成人的数倍之多，因此电磁辐射对于幼儿中枢神经系统发育的危害尤为严重。此外，电磁辐射是基因突变的诱因之一，而与原癌基因和抑癌基因有关的突变已被确认为癌症的一大元凶。

四、无线输电安全性的研究进展及评价

由于无线输电应用的研究近十年才获得较为广泛的关注，因而学界对无线输电的安全性，尤其是电磁辐射的论证仍不完备。事实上，目前已有的无线输电相关技术文献中对于电磁辐射的论述，止于国家标准和行业标准的量化约束，亦即主要从解决问题的角度出发，而无线输电电磁辐射与其他电气设备电磁辐射的差异化成因对比，以及精细化危害标定的工作，仍为一大空白地带。

从顶层决策到底层设计，笔者将目前实现安全无线输电的途径概括如下。

（1）国家或行业标准的制定。例如美国联邦法规（CFR）第 47 条、中国《环境电磁波卫生标准》（GB 9175—88）、国际非电离辐射防护委员会（ICNIRP）公布的辐射防护标准等，通过规定特定频率下电磁波功率密度的阈值，规范技术产品的设计与生产，保护人体健康。

（2）卫生组织和研究团体的标准化安全评估。例如对无线输电设备生产线进行定期抽检，对未通过检测的企业责令其进行技术改进和生产整改，对不合格产品采取召回措施。

（3）研发者底层优化设计。以国家或行业标准的规定电磁辐射强度为优化约束之一，兼顾效率、功率和效益，设计多目标优化的智能求解算法，最终得出最优无线输电的线圈布设方案。

但是，上述三种途径均具有局限性。

对于制定标准这一解决途径，由于标准颁布者是国家政府或者国际联盟组织，在权威性和强制性上具有相当的效力，而且在目前的行业朝阳阶段，进入该领域的科技企业一般具有高新性质，从业人员遵守法规的意识较强，企业责任意识较强，往往愿意通过改进设计方案满足国家标准的要求，树立品牌形象，因而满足了实行标准的"亨"这一可行性条件。合理的标准在制定以后一般具有天然的延续性，长远来看也是从顶层高度对标准进行最终确认的手段，因而具有"贞"的可持续性。

然而必须注意到，当前国家或行业标准在制定时，其"元"空间偏宽偏大，尚缺少有的放矢的、专门面向无线输电领域的行业标准。与此同时，为了满足标准的合理性之"利"，必须与专业人士和组织对接，获取科学合理的数据和建议，并不断地在新的环境条件下更新标准的具体内容。

对于标准化安全评估这一途径，其评估结果可以在一定程度上有效反映技术安全性，但由于其同时受制于政府授权和企业配合两大条件，因而在执行效力之"亨"上一般面临较大困难，而且即使获得了授权，顺利与企业合作，也难以保证企业的所有产品在各种时刻、各种场合都具有安全性。故其"利"和"贞"的性质较弱，只能作为一种辅助措施。

对于底层研发优化这一途径，可以从根本上解决无线输电电磁辐射的产生问题，因此要实现可持续之"贞"、科学合理之"利"以及无线输电推广之"亨"，必须从该方面着手改进。但仅凭底层研发优化不足以支撑全周期的安全保障工作，因为当下社会分工和技术分工的根本特征决定了底层研发优化对于标准中规定的阈值是默认合理准确的，这也就导致了纯粹底层研发一定程度上的盲目性。

五、问题解决的途径与条件探索

笔者认为，解决无线输电的电磁辐射问题，可以延续上述三大基本思路和解决途径，并通过引进新视角填补存在的空白。

（1）国家或行业标准的制定。前一部分已经提到该方案目前的主要瓶颈在于缺乏直接针对无线输电领域的电磁辐射强度标准。要突破该瓶颈，需要标准制定者注意力的转向，亦即获得顶层的重视和支持。为争取顶层的关注和支持，可以采取提案献策等方式。

为提升标准的科学性，还应注重标准的差异化和精细化。例如，当前的标准存在把人全部泛化为成年男性的偏颇倾向，忽视了儿童和女性的体质特殊性，这在伦理学意义上是不道德的，本质上也是不科学的，因而长期来看不具备可持续性。因此，可以通过引入性别视角，审视各项标准是否以偏概全，并及时予以纠正和补充。

（2）卫生组织和研究团体的标准化安全评估。该途径的关键要素在于评估结果的科学性。为保障评估结果的科学性，可从两个方向入手。

一是与顶层和底层之间的关系。卫生组织和研究团体如果缺乏政府授权，丧失具有公信力的背书关系，就很难获得民众的信任；如果缺乏企业配合，就难以实现意志的执行。可以安排多边交流活动，增进关系互动。

二是评估依据的科学性。从德学的视域看，单凭小白鼠对于电磁辐射的反应就直接推断人对于电磁辐射的反应是不合理的，如何在不损害人体健康的前提下实现对电磁辐射对人体影响的更科学的研究，是当前亟待解决的一大问题。

（3）底层研发优化。该途径的要素是实践理性。研发者容易陷入只关注技术指标而忽略社会价值的局部最优解当中，为此，可以鼓励研发者加强对于形式辩证逻辑价值体系的学习，为当前的研究增添一份超越性的审视。

六、问题解决的理想状态展望

问题解决的理想状态，实际上就是上述三种途径有机结合后的情形：卫生组织通过引入性别平等视角、儿童关怀视角和人的独立性视角等新视角，实现标准制定的科学化、差异化和精细化；政府和国际组织依据卫生组织科学的建议制定行业标准，将科学建议上升为国家意志，从而激励和约束底层设计研发者，使其增强生命关怀意识；在设计中切实考虑和遵循安全健康原则，保证无线输电电磁辐射污染得到控制，从而保障这一具有巨大发展潜力的领域稳步发展。

有理由相信，借助"元亨利贞"的形式辩证逻辑原理，这一问题能获得应有的重视和根本的解决。

德学在《中华人民共和国民法典》物权编中的学术意义的思考[1]

一、引言

憨山德清禅师的领悟"德者，成物之功也"，对于"德"（德性、德行）的阐释是精辟的，概括了中华德学几千年来关于"求道"的哲理思考。而在法律领域中，在《中华人民共和国民法典》（以下简称《民法典》）物权编的立法、执法、司法、守法的完整过程中，对"德"的追求或者"求道"也是不可或缺的，特别是在处理双方当事人以及当事人和与之有利害关系的第三方之间的相互关系时，对于"德"的遵守和运用是十分重要的。一旦出现"缺德"，将影响物权法的法律有效性。因此，"德者，成物之功也"的终极思考在《民法典》物权编的学术研究中具有重要意义。

在"中华德学原理源流与经典学习导引"课程的指引下，笔者在学习《民法典》物权编的内容时拥有了更加开阔的视野，或者说是在独特的德学视角下对于《民法典》物权编的知识有了新的见解。物权主要处理的是所有权、用益物权、担保物权、占有的相关社会关系。而在德学视角下，"价值存在于关系之中"，那么物权的本质是在这种关系中进行价值判断，并进行价值选择或者调整彼此的价值。所有权、用益物权、担保物权、占有究竟是何者更有价值？这在法学研究领域也称作各自的

---

[1] 本文作者：西安交通大学法学院学生周志鸿。

竞合。在竞合的情况之下何者可以胜出呢？这就是中华德学中"德者，成物之功也"可以很好解决的问题。

本文旨在通过"德者，成物之功也"这个根本理念来研究和探讨在《民法典》物权编立法、执法、司法和守法的各个过程中是否遵守了"德"，以及需要如何将"德"融入《民法典》物权编的系统框架内。

二、问题表现形式及研究意义

1. 物权中"德"的契约问题

图1给出了物权的基本分类，包括了自物权和他物权。顾名思义，自物权是权利人对于自己的物所具有的占有、使用、收益、处分的权利，而他物权是权利人对于他人的物所具有的占有、使用、收益（没有处分）的权利。这里就产生了一个问题：为什么权利人可以对他人的物也具有占有、使用和收益的权利？这就涉及当事人双方的一个契约问题。在这种契约之下，具备"德"是十分必要的。如果"缺德"，那该契约也就不会产生效力，在法学语言中就是合同失效。

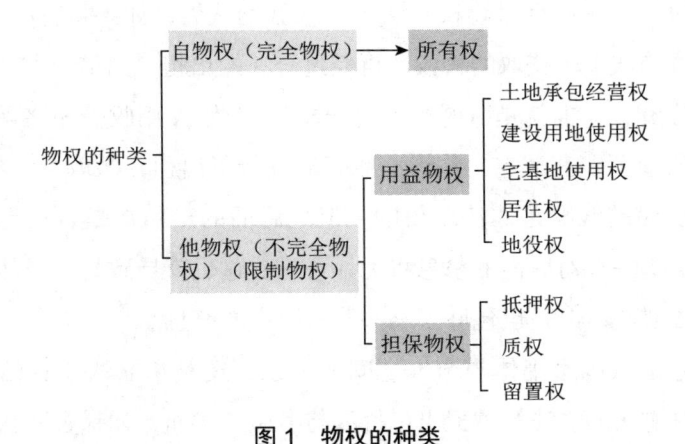

图1 物权的种类

2. 就物权的立法精神而言，究竟该不该遵守"德"

如图2所示，在2007年之前，中国是没有物权法的。作为商界的主要代表，江西民生集团董事长王翔在政协委员履职期间，第一次提出了设立物权法的立法提案，其主要目的是保护私人的合法财产。这在当时全国的法学界、政界引发了关于国家集体利益和私人利益关系的讨论，主要考虑的就是应不应该保护私人的合法财产，也就是物权立法的精神源头。

中华人民共和国主席令

第 六十二 号

《中华人民共和国物权法》已由中华人民共和国第十届全国人民代表大会第五次会议于2007年3月16日通过，现予公布，自2007年10月1日起施行。

中华人民共和国主席　胡锦涛

2007年3月16日

图2　第六十二号主席令

同时，有一种反对物权立法的学术派别认为，如果将物权合法化，那么通过非法手段获取的物权，再经过合法的出租、出借等方式就可以收益合法资金，也就是所谓的"洗钱罪"。例如A用收受贿赂得来的巨额钱财购置了多套豪宅，并将这些豪宅进行了出租，赚取了大额租金。虽然说前面的钱财是非法获得的，但是后面的出租却是合法行为。那么，司法机关针对后面的孳息将无计可施。这也就导致物权虽然保障了私人合法财产，但是也包庇了某些非法财产的孳息。

不论是从国家集体与个人之间的关系，还是从非法孳息的角度来看，都对物权的立法精神提出了挑战与考验。然而，如果在物权的立法精神中一以贯之地遵守"德者，成物之功也"的德学理念，这些问题将迎刃而解。

3. 物权的保护中的"元亨利贞"

《民法典》的第二百二十三条到第二百三十九条是关于"物权的保护"的主要条文，而这里的保护其实就是"成物"。在《周易》中对于"元亨利贞"的阐述是十分清晰的："元者，善之长也；亨者，嘉之会也；利者，义之和也；贞者，事之干也。"用哲学思维来解释就是说，"元"代表着成物的关系空间，"亨"代表着成物的关系可行性，"利"代表着成物的关系适当性，"贞"代表着成物的关系可持续性。《民法典》第二百三十三条规定："物权受到侵害的，权利人可以通过和解、调解、仲裁、诉讼等途径解决。"在本条中，受到侵害其实就是对方（或者过错方）"缺德"了，而德性就包括了这里的"元亨利贞"，很明显这里就是缺少了"利"（义之和也），缺少适当性，对他人造成了侵害。而从立法、司法层面来看，这里为受到侵害的当事人提供保护方法或者途径是一种追求"德"的表现，而里面的"可以"体现一种可选择的态度，这也是符合"贞"的，讲究可持续性，就是当事人可以选择，也可以放弃，赋予了其充分的自由，这在一定程度上也是可以促进成物的可持续性的。一旦在物权保护中缺少了"德"，即使在立法上没有错误，但是如果在执法、司法、守法上缺少德性，那也会带来巨大的社会问题。所以，研究和探讨这个问题是非常有必要的。

4. 物权法中三个竞合问题的总结及其研究意义

综上所述，所选择的这个问题可以概括为各种物权之间、个人与集体之间、侵害人与受害人之间的竞合是否可以用"德"来解决。研究这个问题可以为物权法有效性的提升提供一种不同于传统法学研究方法的德学视野，用"元亨利贞"的价值评判体系可以很好地判断各自之间孰优孰劣，是否符合天道。

其实，在物权法的有效性的背后还有一个巨大的逻辑漏洞，那就是为什么物权法是法律，为什么我们需要遵守它，也就是德学价值形式辩证逻辑原理里说的"正确的道德何以正确"。依照传统的法学研究方法，肯定是无法回答这个问题的。就像理性主义的科学只能回答"它是它"，不能回答"它为什么是它"这个更高级的哲理问题。而此时，只能从价值逻辑视角来深入观察。以最简捷的思维来看，因为物权法的确立和遵守有利于社会发展，有利于你我他的整体利益，所以正确的物权法正确。这也从另一个角度解释了从德学视角研究物权法中三个竞合问题的必要性和意义。

三、针对该问题的过去、现在、未来的讨论分析

1. 自物权时代的德性不全

在自物权时代，人们对于物的观念还停留在对物的单纯的"占有"上面。这个时候的物权就是主张单纯的排他性权利，也就是在我占有了某无主物之后，就自然而然拥有了该物的所有权或者说自物权。《马克思恩格斯全集》第1卷第382页也说："私有财产的真正基础，即占有，是一个事实，是不可解释的事实，而不是权利。"

在这种情况下其实可以发现，这个时候的物权虽然没有发生各种竞合，但是依旧存在德性缺失的现象，也就是缺少了"元"和"贞"。一方面，由于只考虑个人的利益，因而忽视了整体性方面的考虑；另一方面，在物或者财产存在有限性的情况下（特别是当时的生产力极为低下的状况之下），盲目的单纯占有即获得是无法持续的，也就是缺少可持续性。

2. 物权法时代的德性观察

近代早期，中世纪的封建经济逐渐被资本主义经济所取代。资产阶级革命、资本主义新政权的建立以及人文主义法学的发展，为自物权和他物权的制度完善奠定了历史基础。从这里也可以看出，物权法时代（自物权和他物权的结合）是在资本主义经济的发展下刺激产生的，他物权的出现是带有资本主义的成分的，而资本主义天生就是为了盈利。用马克思的话来说，就是资本的每个毛孔都滴着血和肮脏的东西。这也暗示了他物权的出现就是为了盈利，这与价值逻辑的作用有一定关系。在特定的时代环境中，在相应的可行性或者条件性的指引下，是可以产生他物权的。

站在德学的立场，需要关注到一种价值安排是否能够"趋于至善"。在这里也就是能否完美地去衡量自物权和他物权之间的竞合关系。即在自己对于自己所有的物处分时如何处理与他人发生的他物权的关系。道理似乎是简单的，既然把物拿出去进行收益了，就要在一定程度上承担物受损失的风险。但是为了达到"至善"的标准，《民法典》物权编规定了当事人有权请求对方将所有物恢复原状或者给予损害赔偿的救济措施。

3. 物权"至善"境界的"求道"

关于物权的"至善"境界，要从前面主要问题的三个角度来系统思考。这是因为现在的物权法主要面临的就是这三个竞合问题。笔者认为，对于物权将来的完善就需要处理好这三个竞合问题，而且是通过德学找寻"合道"的方式。《道德经》开篇"道可道，非常道；名可名，非常名……"关于"道"的讲解是非常深刻的，而笔者认为这里的"道"和价值形式辩证逻辑里面的"趋于至善"的"至善"是一个道理。德学阐释了"趋于至善"是面向零成本的基本原理，并指出"缺德"的严格定义模式。从这里也可以知道，要追求物权的"道"，就要达到物权关系最完美的一个状态。那么这种状态是什么呢？粗略地说，就是要从"元亨利贞"四个角度来进行评价，应该具有整体性、可行性、适当性、可持续性四个要点。

整体性的要求是最高的，不仅要从物权法的体系上面进行科学的编撰，完善物权法律的组成结构，还要整体性地把握物权权利人之间相互关系的处理，以及应对物权与其他权利交叉的现象。可行性就是要考虑在当下社会的物质文化生活条件下，实施什么样的物权法是可行的。例如现在我国《民法典》物权编中的占有制度与欧美国家是不同的，已经区别于单纯占有无主物即所有，而是只承认占有是一种事实状态，并不发生所谓的所有权关系。而这种情况依据的就是我国的社会现状。

四、解决问题的路径思考以及必备的条件

1. 解决物权竞合问题的路径选择

（1）对于第一个竞合，也就是各种物权之间的竞合，比如所有权与用益物权和担保物权之间发生的竞合，应该怎么处理？首先，坚持《民法典》的诚实守信原则，这也是主要针对双方契约的可信度的一个准则要求。例如，当事人通过出租的方式，使他人对自己的所有物获得了用益物权，那么这个时候需要合理保障承租人的合法利益，不能"缺德"；如果是通过抵押、质押、留置的形式使他人对自己的所有物享有了担保物权，那么一旦自己没有及时履行承诺，那自然需要受到惩罚。其次，坚持物权法定原则。正是因为有利于社会和当事人双方的利益，所以才设立了物权法。同理，坚持物权法定原则也是为了维护彼此之间的利益，这也是符合"元"的要求的。

（2）至于第二个竞合，这里主要讲如何面对"非法财产的合法孳息"的问题，也就是如何规避物权保护之下产生的洗钱手段。其实早在

立法之前就有很多学者讨论研究过这个问题，并提出了"第一桶金原罪"理论。虽然说物权是法定的，作为私人财产神圣不可侵犯，但是一旦购买该合法物权的钱财属于非法获取的，那么该合法物权也将转入非法的范畴，这很好地完善了物权的治理体系。符合了"利"的原则，具有了合理性和适当性，就阻止了德性不全的物权获得合法地位。

（3）关于第三个竞合，即侵害人和受害人之间的竞合应该如何处理，这里也存在一个价值判断的逻辑层次，如果单纯按照科学的理性主义是很难解决的。因为这个判断不仅仅是关于肯定或者否定的问题，而是关于应该怎么做的问题。这就不能只从侵害人或者受害人的单方进行考虑，不能单纯评价谁对谁错，而更多地应该考虑如何处理会更加符合"元亨利贞"所表达的德性的完备，符合德性的内在要求。一言以蔽之，就是从整体性的视角，根据相对应的条件关系，采用适当的方式进行可持续性的处理。

（4）只要这个物权竞合的问题能够得到"以德为本"的贯彻性引导，物权法的面貌将会焕然一新，我们的社会也将变为"物权德性立法，物权德性执法，物权德性司法，物权德性守法"的社会。至于如何选择这些解决问题的路径，关键在于从价值形式辩证逻辑原理方面进行系统性的思考。

2. 问题解决的必备条件

在论述到解决这些问题的必备条件的时候，笔者认为首先应当思考物权追求的终极状态究竟是什么。就好比《道德经》追求一个"道"字，或者追求"上善若水"的道理。而在我们的物权法时代追求的就是"天下和美，美美与共"的目标，以及"物尽其用"的宗旨。既然目标明确了，路径也选择好了，现在就是"万事俱备，只欠东风"，需要认真探究解决问题最终需要哪些必备条件。其实还是需要从"元亨利贞"

四个角度进行探索：在整体性方面，笔者认为在物权立法方面需要全社会各行各业的代表参与，这样就可以综合地达到物权所维护的利益的平衡；在可行性方面，更多地需要让民众逐渐接受新物权法律的一些倡导与理念，因为推行新事物总是会遇到一定的阻力，这个时候就需要开民智、得民心；在适当性方面，需要与社会的发展状况相适应，也就是要密切关注社会变化，在变化中保持不变，在不变中保持变化，与时俱进；在可持续性方面，要确立一个可以延续的宗旨或者总体要求，就是要让物权法在宗旨、大方向上保持稳定。

但是要想齐备这四个要素，则是非常艰难的。比如"开民智，得民心"自古以来就是一个难题，如果按照我们传统的宣传方法进行一种被动的输入，则是收效甚微的。但是我们可以创新想法，从其他方面入手。比如物权法的各种要求都离不开《民法典》的九大基本原则，如果原则正确，即使没有具体的条文规定，那么也是符合"德性"的。同时我们的社会一直在倡导社会主义核心价值观，这对民众的影响是潜移默化的，那么在倡导社会主义核心价值观的同时其实就传达了民法原则的理念，自然而然就倡导了物权的基本理念，概括来讲就是"美美与共，天下大同"。

另外，因为社会不同阶层、不同行业所代表的利益是不一样的，所以难免出现很多纷争。但是中国文化有一个特点，就是对"德"的尊重，也就是说，"以德为本"可以很好地组织起不同的人群。只要全社会心中都有一个"德者，成物之功也"的理性认识，那么也就可以拥有解决利益关系问题的基础。

总之，只要将"德者，成物之功也"的理念传递到《民法典》物权编的方方面面，那么整个社会的物权将是一个和谐的存在。

于"中华德学原理源流与经典学习导引"课程中收获的自我提升及成事之道[1]

由于对中华哲学的好奇与敬仰，故与其他选修课不同，我对此课程抱有很大的兴趣和期待，希望可以探索到一直未敢涉猎的领域。接触前对德学或许只有好奇，但出乎意料地了解了对于人生状态的追求和面对问题时的指导思想。现将我的学习收获与感悟总结如下。

中国人自古以来关于"求存"的追求促使我们更加关注我们应该做什么、怎么做的问题，这方面正是西方哲学理论所缺失的。以康德为代表的西方哲学提出了"纯粹理性批判"和"实践理性批判"，试图对认知理性和实践理性进行严格的划分和探讨。康德认为，价值判断具有不确定性，难以用逻辑和理性进行严格的推导和证明。康德提出的先验逻辑范畴为"质、量、关系、模态"，但其难以涵盖全面的世界。例如，西方先验逻辑范畴无法解释这样一个问题：在自然规律面前人人平等，但是人与人之间的差异又是如何产生的呢？

中国哲学中的德学思想体系给出了回答，考虑到时间和空间两个方面的结合与动态变化，认为价值判断应该与实践紧密结合。这种实践理性的思想使得中国哲学在价值判断上更加注重实用性和可操作性，能够更好地指导人们做不做、如何做的现实问题。

《周易》中提出：乾，元亨利贞，天行健，君子以自强不息；坤，元亨利贞，地势坤，君子以厚德载物。中国哲学中的"元亨利贞"范畴

---

[1] 本文作者：西安交通大学经济与金融学院学生惠心怡。

涵盖了价值判断的基本逻辑原理。这四个范畴分别代表了整体性、可行性、适当性和可持续性，共同构成了一个完整而自洽的价值体系。这种价值逻辑使得中国哲学在价值判断上更加注重整体性和长远性，能够更全面地考虑各种因素之间的复杂关系。

"元亨利贞"作为《周易》中用来描述事物发展变化过程的四个核心范畴，分别代表了关系识别空间（元）、关系可行性（亨）、关系适当性（利）和关系可持续性（贞）。它们共同构成了《周易》价值判断的逻辑机能，为理解世界提供了独特的视角和方法。具体来说，"元"代表了整体性范畴，它关注的是事物在时间当下的关系空间，是事物发展的起点和基础。"亨"则代表了一种与需要相对应的可行性及其条件关系范畴，它构建了现实与人类欲求的连接，是事物发展的必要条件。"利"代表了关系的适当性、合理性范畴，它要求事物在发展过程中保持和谐与平衡，是事物能够持续发展的关键。"贞"则代表了与"元""亨""利"有关的可持续性范畴，它引入了关系的时间因素，强调了事物发展的长久性和稳定性。

如何判定"元亨利贞"是凌驾一切自然法则的更高的规定性呢？中国的古诗给出了答案："会当凌绝顶，一览众山小""欲穷千里目，更上一层楼"。这告诉我们：当你的境界越高、地位越高，目之所及便会更远，心之所涵便会更广。"元亨利贞"是将时间和空间结合为一体的哲学范畴，能够指导我们关于是否"缺德"的界定，能够解决我们关于人生问题的困惑。"元"代表整体性范畴，代表各个时间当下的关系空间；"亨"代表一种与需要相对应的可行性及其条件关系范畴；"利"代表关系的适当性、合理性范畴；"贞"则代表与"元""亨""利"有关的可持续性范畴。这四个范畴相互关联、相互定义、相互影响，构成了中国哲学的核心价值观念，是科学命题合理性识别中必要性与充分性判断的原则。它们不仅是中国古代先民价值追求的体现，而且是中国哲学在逻辑判断机能上的独到表达。

作为实践理性的关键范畴，《周易》从"关系"入手建立了价值判断、功能判断的逻辑机能。在这个逻辑系统中，关系构成了"选择"与"智慧"的紧密连接。一切价值存在于关系中，我们的前途存在于自己和环境的关系中，所以要通过把握关系中的"机"，即关键时刻的转折点和机遇，来发挥智慧，从而做出正确的判断和决策。关系没有具体的形态，但它却具有强大的作用。这种作用体现在它能够影响事物的发生、发展与消亡，连接着可能被了解但又难以被全部了解的事物，它处于不断的变化之中，具有"有""无""亦有亦无""非有非无"的丰富逻辑特性。

从"关系"与"元亨利贞"的内在联系来看，"关系"是"元亨利贞"得以存在和发挥作用的基础。没有"关系"，就没有"元亨利贞"所描述的事物发展变化过程。同时，"元亨利贞"也是对"关系"的深入剖析和具体体现。作为"成物之功"，任何事物具备"元亨利贞"，也就得到了成功的保障。它们通过不同的范畴和角度，揭示了"关系"在不同阶段、不同方面的特点和要求。

例如，"元"作为整体性范畴，它关注的是事物在时间当下的关系空间，这实际上是对"关系"的一种整体性把握。而"亨"则通过构建现实与人类欲求的连接，揭示了"关系"在事物发展中的可行性条件。同样，"利"和"贞"则分别从关系的适当性和可持续性角度，对事物的发展提出了具体的要求和原则。其中，可持续性（贞）具有比较特殊的地位。这四个范畴在整体中发挥着各自独特的作用，同时又相互依存、相互促进，缺一不可，构成了《周易》中深邃而博大的哲学思想体系。

中国人对于"至善"的定义在"元亨利贞"的框架下，被赋予了更具体的内涵。它要求人们在行为选择上符合整体性（元）、可行性（亨）、适当性（利）和可持续性（贞）的要求。"至善"是一种整体性的价值追求，它不仅关注个体的道德修养，而且强调个体与整体、人与社会、人与自然之间的和谐统一。在中国哲学中，如儒家、道家的"天人合一"思想，就体现了这种整体性的"至善"追求。同时，"至善"不仅仅是一种理论上的认知或理念上的追求，更重要的是要将其转化为实际行动。知行合一，即将道德认知与道德实践紧密结合，是实现"至善"的重要途径。"至善"是一个不断追求和完善的过程，而非一个静态的目标。在中国传统文化中，人们强调通过不断的自我反省、学习和实践，来不断提升自己的道德修养，接近"至善"的境界。

"至善"的判断往往涉及关系范畴的逻辑。在中国哲学中，事物之间的"关系"被视为理解世界的关键。因此，"至善"的实现也需要考虑各种关系的和谐与平衡，如人与社会的关系、人与自然的关系等。这种价值观体现了中国人自古在处理问题时注重全面、长远和系统的思考方式。

因此，中国德学怎样在实践层面指导我们做不做、如何做的问题呢？可将其总结为：去做一切"不缺德"的事情，判断标准为符合"元亨利贞"四个方面，若一方有缺憾，则此事就有"缺德"的成分。由边际效用递减原理可知，生活中"全德"的事情并不多见，其中，特别需要珍视的一件事为：守护有所不为。"有所不为"，意味着在行为选择上有所限制，有所取舍。这种取舍可能是基于道德、伦理、法律或其他个人原则。当我们选择"有所不为"时，是在权衡各种因素后做出的决定，这个决定可能既保障了自己的精力、维护了自己的价值观，也避免了伤害他人或遵循了某种更高的准则。例如：在"元"的范畴中，一个人可能认为某个行为不符合整体性的要求，即它不符合社会或个人的长远利益，因此选择不为；在"亨"的范畴中，一个人可能评估了某个行为的可行性，并发现它虽然可能带来短期利益，但长期来看却不可持续或存在风险，因此选择不为；在"利"的范畴中，一个人可能认为某个行为会损害他人的利益或关系，即使它对自己有利，也选择不为，以维护关系的适当性与和谐；在"贞"的范畴中，一个人可能考虑到某个行为的可持续性，并认为它不符合长期发展的要求，因此选择不为。

因此，"有所不为"是有"全德"性的，是一种对"至善"的追求。它避免在"元亨利贞"的某个或某些范畴中出现问题，体现了个人的道德判断、伦理原则和价值观，是积极、正面的行为表现。同样的道理，我体会到"最好的感觉是没有感觉"的真实价值。从"元亨利贞"四个方面评估，它同时满足整体性、可行性、适当性和可持续性的要求。

在德学课程中，我感受到中国哲学的独特魅力和深远影响来源于她的实践价值。她能够指导我们提升境界、拓展眼界，从而解决人生课题，理解世界。她也让我体会到自我与内心的磅礴力量，只要静下心来，由内在认识世界，思绪便会逐渐清晰，真理随之显现。

"中华德学原理源流与经典学习导引"
课程收获与体会[1]

八节德学课,对我来说是种新奇的体验。不同于以往端坐在教室,听着不同的老师持续性输出一些理论,没有充足的时间去思考、产生共鸣,德学课程,更像是一场与自己对话的旅程。我们曾在课上一起读了"德者,成物之功也"、一起看袁了凡先生摆脱既定命运的经历、一起欣赏音乐放松……短短的时间,谈不上真正了解德学,但我感觉每节课都能学有所得,或大或小,能体会到一种发自内心的愉悦与放松。

这篇收获我从三方面来写,首先梳理本课程中对我来说最有感触的一些知识,其次分享我学习了本课程后在生活中和某些知识产生共鸣的瞬间以及我生发的感想,最后做总结。

■ 内容梳理

一、德学:中国哲学

德:"德者,成物之功也。"

德学:区别于西方哲学的中国哲学的别称。德学是成物之学、成务之学、至善之学,是"知行合一"的智慧之学。

德学不是一个追问本质的"求真"体系,而是一个追问事物的发

---

[1] 本文作者:西安交通大学电气工程学院学生任卓。

生、发展与消亡的"求道"的学问体系。这套学术体系将注意力放在世界变化的"关系"之上。

二、实践理性的中国哲学基因："元亨利贞"/"天地四德"

解释：元，善之长也（成物的关系空间）；亨，嘉之会也（面向目标的条件性）；利，义之和也（适当性、和谐性、适切性）；贞，事之干也（可持续性，关于整体性、可行性、适当性）。

"元亨利贞"将时间和空间结合为一体，分别对应着东南西北和春夏秋冬。在实际关系的发生中，它们以整体存在，彼此定义、互相推演和影响。人类价值活动的所有代价，都为这四个价值范畴所付出，缺一不可。

三、关系的重要性：智慧在关系之"机"上发挥作用

关系这个概念横跨自然与人类活动诸因素，连接一切自然要素和人类思维要素。关系有以下特点。

（1）没有形态，但是有作用，是"有"和"无"的合一。

（2）关系处于变化之中，是"亦有亦无"的。

（3）关系在一个时刻可以被利用也可以不被利用，是不可保存和不断变化的，是"非有和非无"的。

（4）关系不受空间限制，不受边际效用递减等相应规律的制约。

将目光投向关系连接的"道德智慧"，既不崇拜数量的庞大，也不依赖固定的"本质"。

四、《黄帝内经》

（1）五运六气学说运用五运、六气的基本原理，解释气候变化的年度时间规律及其对人体发病的影响。

（2）熟记：乾三连，坤六断，震仰盂，艮覆碗，坎中满，离中虚，兑上缺，巽下断。

（3）生命科学"第一性原理"："生命具有本能特征"。当生命本能存在于躯体，则生命存续；当生命本能性状消失，则生命结束。

（4）生命五大本能：自主性、共生性、排异性、应变性、守个性。生命的"本能"处于动态的关系变化之中，药性、阴阳是由随时变化的"关系"决定的。中医的"阴阳"哲学，真正是一种纯粹的实践理性哲学。

五、理性实用主义：积极去做一切"不缺德"的事情

追求"德之至善"的纯粹性。

优化：可以是全局性的调整，也可以是局部可行性的改善，也可以是某种价值的可持续性的提升，反映的是中庸的"精微"。

可持续性：预见未来的依据所在。

共鸣与分享

学习了本课程之后，我能对学习、生活中的一些事情产生理解与共鸣。既深深感慨自然的玄妙和我们祖先的智慧，又觉得我们对于德学"日用而不知"。意识到这点后，有时候会会心而笑，有时候会拿笔记录下来。这里分享一些我的小故事和体会。

一、在我的学习方面

自从上了德学课程以后，虽然我了解了"四德"即"元亨利贞"的重要性，但暂时还没有发现自己周围应用到它的例子。直到有一天在听模拟电子技术课程里的"PN结"的知识点时，我恍然大悟，体会到了不同学科知识点之间的融会贯通。

具体是什么呢？就是PN结两极之间的多子与少子在经历扩散和漂移后会达到一种动态的平衡，从而能够持续使用下去，这不就是符合"四德"的吗？由此，我联想到生物里生态系统的负反馈调节，化学电池和化学反应里的动态平衡，熵增熵减原理，物理中无摩擦就会一直运动下去，等等。

二、对"玄"的理解更加全面和深刻

记得在上高中的时候，如果有同学能靠猜题拿到分数，我们会戏谑地称之为"玄学做题法"，所以当时我对于"玄"的理解就是莫名其妙、糊里糊涂、很神奇。直到本课程学习完，我彻底改变了对于"玄"的看法。

先用客观的语言定义："玄"在色彩上代表黑色，如同黑夜不可见的状态，引喻为不可见、不可知的领域。"玄"字的象形表达，是两根丝线绞合在一起的形象。"同谓之玄"的意思是"差异中的共同性"，即"规律"。

现在来看，"玄"已经不是我之前认为的所谓的"奇奇怪怪、毫无根据"的一种判断事物的方法，恰恰相反，它是以事实为依据总结出规律、按照规律做事的方法。我们的德学与科学规律相似，它也值得我们琢磨、研究、总结、使用。

三、"元亨利贞"可以应用于"目标选择、途径选择、工具应用、原则守护、预期建立"

很多情况下我们不会制定目标、规划未来，或妄自菲薄，或不切实际，但当我们把"元亨利贞"应用在这方面，就能获得切实、适合我们自己的相应的判断、优化、筛选目标的依据。这是因为"四德"保证了"成物之功"：成物的关系空间、面向目标的条件性、适当性和可持续性。

之前我会盲目地制定一些计划和目标，有时是一时兴起，有时是随波逐流，比如坚持每天夜跑、周六周日把很多任务一口气做完，现在想想，当时没有做到的原因就是制定目标时没有综合考虑到环境条件是否会变化、自己的身体条件能否长时间坚持等。现在我反思后能制定出更合理的目标：运动方面，每周三次跑步，平时上课多走楼梯代替电梯，休闲时间进行一些肢体上的放松来减轻压力；任务完成方面，我的原则是争取今日事今日毕、本周事本周毕，不去积累任务，也就不会再去制定短时间完成大量工作的任务。

四、利用好时空结合的"时机"

对于具体价值的实现而言，时空结合的"时机"是最终决定因素。很多情况下，不要着急，为幸福做好准备。以高考为例子，与其焦虑紧张，不如把期待与躁动所花费的精力化为眼下前进的力量，完成每一个任务、解决每一个细小问题，把努力投入到每一天，不为外界环境所影响、困扰，脚踏实地等待那个时机。自己做好了准备、外界环境足够合适，大概率会得到自己想要的结果。

现在回过头来，我认为我在这一点上做得是比较好的。不去过分思考每一件事情的意义，真正地去实干，把该做的做好，心态会非常平稳，经历该有的等待后，最后的结果是比较满意的。

五、智慧在关系之"机"上发挥作用

2024年10月26日，我去听了一个保研分享讲座，有个学长的发言让我很有感触。他说，个人实力是一方面，人际关系也很重要。如果能与导师保持起码两周一次的交流频率，不断深化与导师的关系，这将对后续的发展产生非同小可的影响。我点头认可。决定一个人未来发展的是综合条件的优劣，能够处理好人际关系，这恰恰就是一种智慧，正是智慧在关系之"机"上发挥作用。

总结与展望

一、总结

很开心能选到这门课程，得到老师的指点。恰恰是这份幸运，给了我机会让我能更好地发现自己，给了我时间去更多地关注自己。最后写一句话来总结：学有所思，学有所悟，学有所得。

二、展望

就目前学到的知识，我用阳明心学里的两句话为我接下来的学习和生活定下两个目标。

（一）未有知而不行者，知而不行，只是未知

我认为我自己对很多事情的看法和态度是正确积极的，但是缺少把想法付诸实践的勇气和毅力，有时还会缺少自我约束能力。所以希望接下来：自我主体性要增强，勇敢一些；遇到问题从小的切口着手做，果敢一些；以自己的期待为目标，更自律一些。

（二）人须在事上磨，方立得住，方能静亦定、动亦定

遇到很多重要的场合，我会不受控制地紧张。下一阶段希望：一方面能悦纳自己，设立小目标，使自己不断树立自信，越来越从容；另一方面也要沉淀下来去充实自己，用实力给自己更多的底气。

附录二
中华德学学理要点

"德者，成物之功也。"——德是指万事万物得以成就的推动力和条件。

《周易》"天地四德"即"元亨利贞"提供了德学之基本判断的逻辑范畴。

价值存在于关系之中，具有功能特性。离开关系或者功能，都无价值可言。

关系没有形态，不占空间，但是作用巨大。关系具有"有""无""亦有亦无""非有非无"的丰富逻辑特性。

"元亨利贞"构成了价值判断的形式辩证逻辑体系，即价值形式辩证逻辑体系。

"元亨利贞"是时空合一的逻辑体系，是面向实践的、严密的逻辑体系。

"元亨利贞"是价值判断的完备的定性逻辑形式。

"元亨利贞"是理性实用主义的"纯形式"，也是表达"至善"的哲学形式。

"元亨利贞"的满足，就是成物之功的满足。

"元亨利贞"是关系识别的逻辑形式，也是功能表达的逻辑形式。

"元亨利贞"是作为整体存在的逻辑判断范畴，应该以整体运用作为其原则。

"元亨利贞"是中医学以及众多中华文明成就背后的逻辑基础。

在价值逻辑下，每一种价值关系都属于各自独一无二的时机。

由于价值关系的唯一性，价值不属于以经验逻辑为基础的科学的逻辑能力范围。

"元亨利贞"拥有科学性判断的逻辑权柄，而科学哲学并不拥有此权柄。

人类自由仅仅存在于面对时机的选择中。而一切现象过程都受到自然规律的约束，没有自由可言。

因果关系以价值形式辩证逻辑的链条相互连接，人们之间的差异产生于价值选择。

主要参考文献

[1] 伯特兰·罗素. 西方的智慧——从苏格拉底到维特根斯坦 [M]. 瞿铁鹏, 殷晓蓉, 王鉴平, 等译. 上海: 上海人民出版社, 2017.
[2] 程少川. 管理学价值认知的东西方哲学观察: 形式与原则 [J]. 西安交通大学学报 (社会科学版), 2020 (1): 77-87.
[3] 程少川. 价值形式辩证逻辑原理及其管理学意义研究 [J]. 天津大学学报 (社会科学版), 2020, 22 (5): 458-464.
[4] 程少川. 价值逻辑原理视域下的价值中立与价值关联哲学分析 [J]. 中国文化与管理, 2021 (1): 60-70, 154.
[5] 程少川. 中国哲学的实践理性基因与管理学未来 [J]. 中国文化与管理, 2020 (2): 57-65, 176.
[6] 程少川. 价值形式辩证逻辑原理 [M]. 广州: 华南理工大学出版社, 2023.
[7] 康德. 康德三大批判合集 [M]. 邓晓芒, 译. 北京: 人民出版社, 2009.
[8] 马克斯·韦伯. 儒教与道教 [M]. 王容芬, 译. 北京: 商务印书馆, 1995.
[9] 憨山德清. 老子道德经解 [M]. 北京: 中华书局, 2020.
[10] 冯平. 杜威价值哲学之要义 [J]. 哲学研究, 2006 (12): 55-62.
[11] 老子·德道经 [M]. 熊春锦, 校注. 北京: 中央编译出版社, 2006.
[12] 马克斯·韦伯. 社会科学方法论 [M]. 韩水法, 莫茜, 译. 北京: 商务印书馆, 2013.

跋

这本书的内容，是试图为一个极为高深的学理体系的应用提供一些台阶，以便于缺少相关思维训练的读者能够少费一些气力就可以看到中华文明所达到的思想高度，理解其中的精神内涵，乃至接受这个学理体系的逻辑刚性，从而在未来的价值选择中可以多一种识别方法，少一些抉择的迷惑。但是这件事情，最终只能依靠读者自己去完成。价值判断，这是一个需要毕生来参悟的问题，也是每个人获得觉悟的本质方向，是人生经营的实际内涵所在。为了增强读者对于这个关键问题的关注，笔者对德学的性质进行了一些归纳，以期读者对这个领域发生真正的兴趣。以下是笔者对德学性质的一些不算全面的归纳：

1. 德学是关于万事万物生灭之道的学理体系
2. 德学是中华祖先理性归纳力的核心成就
3. 德学是中华文化价值判断的理性基础
4. 德学原理是诸原理之上的原理、诸规律之上的规律
5. 德学拥有定性分析的完备逻辑原则
6. 德学是科学合理性判断的逻辑权柄
7. 德学是辩证法学理空间的登堂入室之门
8. 德学学理包含老子哲学思想的深层逻辑
9. 德学是孔子倾尽晚年的学问所在
10. 德学是阳明心学的最终指向
11. 德学是顿悟与渐修的共同枢纽
12. 德学是广大与精微合一的理论形态

跋

13. 德学原理拥有"第一性原理"的"纯形式"
14. 德学是康德毕生未登堂奥的实践理性
15. 德学是"止于至善"的实践理性道路
16. 德学是关于文明与幸福的康庄之学

将德学的性质放在这里或许可以引发读者对这个领域进行深入探索的兴趣，甚或引起质疑或者反驳，对此，笔者都将作为抛砖引玉带来的回响。希望所有同仁的观察和思考能够为这个时代的文明进步增添一份力量，也帮助笔者洗涤尚存的迷惑。笔者期待与各位贤达同创一个"明明德于天下"的时代，以应和先贤对于后人的期待。

程少川